전북특별자치도
전라남도
경상남도
제주특별자치도
대구광역시
울산광역시
부산광역시
광주광역시
남해
대한해협
축척 1 : 1,200,000
0 15 30km
지리산국립공원
한려해상국립공원
다도해해상국립공원
한라산국립공원
변산반도국립공원
가야산국립공원
덕유산국립공원
무등산국립공원
내장산국립공원
월출산국립공원
경주국립공원
전주
광주
대구
부산
울산
제주
서귀포
목포
여수
순천
진주
창원
김해
포항
경주
통영
거제
군산
익산
남원
나주
김천
구미
밀양
사천
광양
고흥
완도
진도
해남
강진
장흥
보성
곡성
구례
하동
남해
고성
함양
거창
합천
의령
함안
산청
고령
성주
청도
경산
영천
양산
기장
정읍
김제
부안
고창
영광
장성
담양
화순
함평
무안
신안
영암
영동
금산
무주
진안
장수
임실
순창
완주

독도 DOKDO

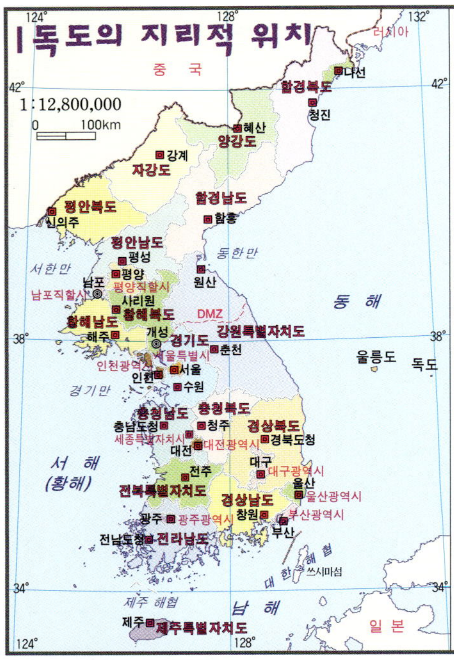

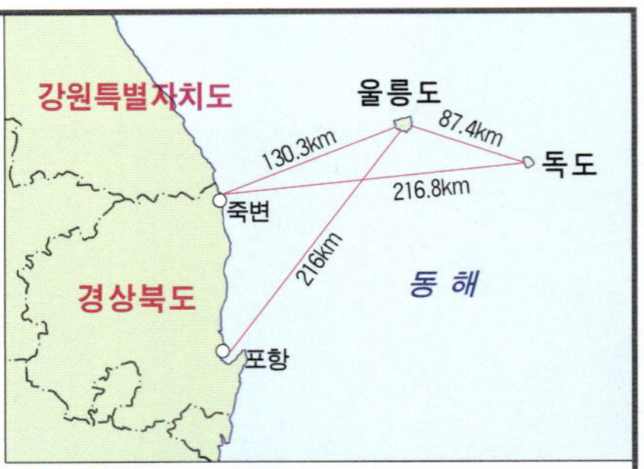

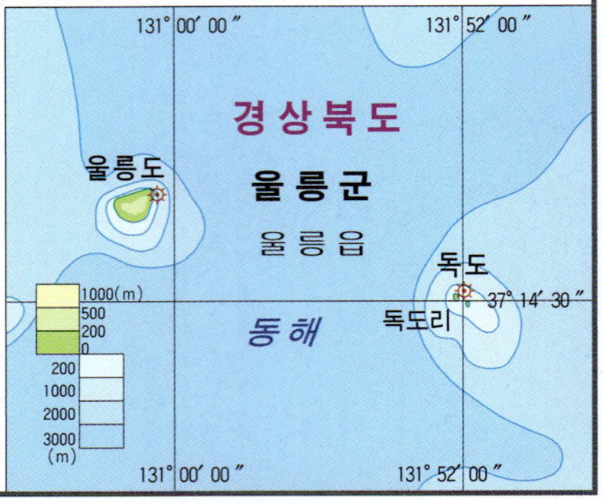

▲**독도 전경**(우측이 동도, 좌측이 서도이다.)

▲**삼형제 바위**(사단법인 국제문화교류협회 자료제공)

▲**독도 등대**(사단법인 국제문화교류협회 자료제공)

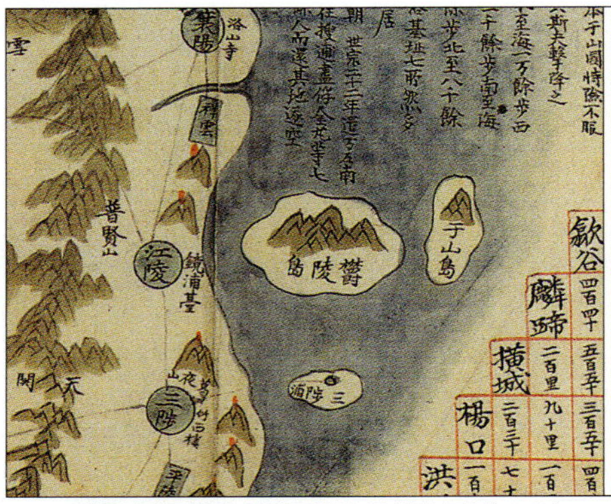

▲**해동여지도첩의 강원도편에 표시된 독도**(19C初)

▲**조선전도에 표시된 독도**(19C初)

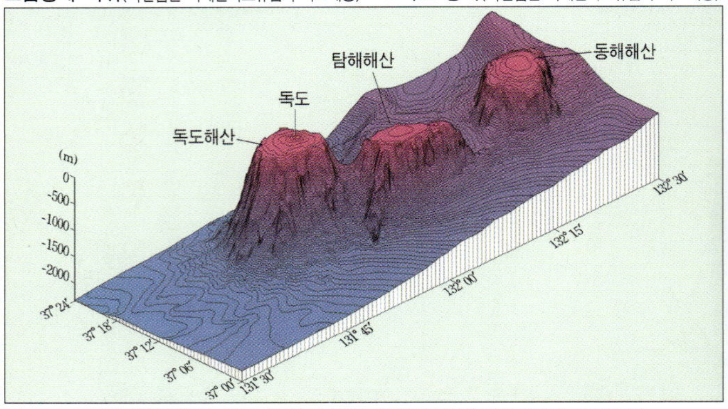

▲**3D로 표현된 독도 주변의 해저 지형**(한국지질자원연구원 자료제공)

독도개관

행정구역상으로 경상북도 울릉군 울릉읍 독도리 산1～37번지에 속하는 독도는 2개의 큰 섬인 동도와 서도 그리고 32개의 부속 도서로 구성되어 있고 총면적은 180,902㎡에 달한다. 경·위도상으로는 동경 131°52′08″, 북위 37°14′22″(동도 삼각점 기준)에 위치하고 죽변에서 216.8㎞, 울릉도에서 87.4㎞ 떨어져 있다.

동도는 높이 98.6m, 둘레 1.9㎞, 면적 67,179㎡이고 등대가 설치되어 있다. 서도는 높이 168,5m, 둘레 2.8㎞, 면적 95,008㎡으로 사면 경사가 심하다. 독도와 울릉도의 기후는 난류의 영향을 많이 받는 해양성 기후로 연 평균 기온이 약 12℃, 연 강수량은 약 1,240㎜이다. 독도에는 황조롱이, 흑비둘기, 딱새, 노랑지빠귀, 바다제비, 슴새, 괭이갈매기 등 조류의 집단 서식지로서 천연기념물로 지정되어 보호되고 있다.

독도역사

독도는 512년 울릉도와 함께 신라에 귀속되었는데 이 같은 사실은 삼국사기 신라본기 지증왕13(512)년에 '6월에 우산국이 신라에 속했다'는 기록에서 찾을 수 있다.

조선시대에는 독도를 우산도, 삼봉도, 가산도, 가지도 등으로 불렀다. 18세기에 나온 정상익의 〈동국지도〉에는 울릉도와 우산도의 위치와 크기가 정확하게 표시되어 있다.

1900년 고종 황제의 칙령에 의해 독도를 울릉군의 한 부속 도서로 강원도에 편입했고 1914년 행정구역 개편으로 경상북도에 편입되었다. 2000년 4월 7일을 기점으로 행정구역상 주소를 경상북도 울릉군 울릉읍 독도리 산1～산37로 정하였다.

독도관광

독도를 관광하기 위해서는 먼저 울릉도로 이동해야 한다. 울릉도로 갈 수 있는 배편은 포항, 강릉, 동해 묵호, 울진 후포에서 이용할 수 있으며, 포항, 울진 후포에서는 차량을 선적할 수 있다.

1. 울릉도 관광 ① 포항↔울릉도 도동항, 사동항 ② 강릉↔울릉도 저동항 ③ 동해 묵호↔울릉도 도동항 ④ 울진 후포↔울릉도 사동항

2 독도 관광 (독도 관광 시 신분증은 반드시 지참해야만 승선할 수 있음)
① 도동항에서 출발 시 - 씨스포빌(주) 씨스타 11호 이용
② 저동항에서 출발 시 - (주)대저해운 썬라이즈호 이용
③ 사동항에서 출발 시 - (주)대아고속해운 씨플라워호 이용

3. 해운사 연락처
- (주)대저페리 1899-8114
- (주)대저해운 1899-8114
- 울릉크루즈(주) 1533-3370
- (주)금광해운 054-244-1151
- (주)에이치 해운 1644-9605
- (주)대아고속해운 1644-9605
- 씨스포빌 1577-8665
- 정도산업(주) 1577-8665
- (주)미래해운 054-251-2117

全國道路地圖

전국 관광지 찾아보기

예시: 설악산 지도 P8-B2 ······ 신흥사, 오색온천, 울산바위
- 설악산: 국립공원 명칭
- 지도 P8: 본문 지도 페이지를 말함
- B: 가로 찾아보기
- 2: 세로 찾아보기

설명: 설악산 국립공원은 본문 8 페이지의 가로 찾아보기B와 세로 찾아보기2의 교차점에 표기되어 있고 유명 관광지로는 울산바위, 신흥사, 오색온천 등이 있다.

국립공원

경기도

북한산 지도 P11-E1 ············ 도봉산, 도선사, 망월사, 진관사, 보국문, 북한산성

강원특별자치도

설악산 지도 P8-B2 ················ 권금성, 비룡폭포, 신흥사, 오색온천, 울산바위
오대산 지도 P8-C5 ··················· 월정사, 소금강, 상원사, 적멸보궁, 무릉계
치악산 지도 P13-E3 ···················· 구룡사, 상원사, 입석대, 영원사, 국형사
태백산 지도 P14-C5, P20-C1 ················ 만덕사, 망경사, 석탄박물관, 단군성전

충청도

계룡산 지도 P23-F2 ························· 갑사, 동학사, 고왕암, 용화사
소백산 지도 P20-A2 ···················· 구인사, 부석사, 희방사, 고수동굴, 죽령
속리산 지도 P19-D5, P24-C1 ················ 법주사, 정이품송, 화양구곡, 문장대
월악산 지도 P19-E3 ·············· 미륵리사지, 송계계곡, 덕주사, 단양팔경, 구담봉
태안해안 지도 P16-A4, P22-A1 ······················ 만리포해변, 꽃지해변

전라도

내장산 지도 P29-D4 ················· 내장사, 백양사, 남창계곡, 입암산성, 백암산
다도해해상 지도 P34-A1, P41-E5 ················· 고산유적, 홍도, 신지명사십리해변
팔영산지구 지도 P42-C1 ··········· 팔영산자연휴양림, 능가사, 용바위, 남열해돋이해변
덕유산 지도 P24-B5, P30-B1 ················· 무주구천동, 무주리조트, 적상산성
무등산 지도 P35-F2 ············· 서석대 · 입석대, 풍암정, 원효사, 규봉암, 증심사
변산반도 지도 P28-B3 ···················· 내소사, 채석강, 부안호, 내변산, 개암사
월출산 지도 P35-E5 ············· 왕인박사유적지, 천황사, 구정봉, 도갑사, 무위사
지리산 지도 P30-B5, P37-D1 ············ 노고단, 실상사, 지리산온천, 화엄사, 뱀사골

경상도

가야산 지도 P31-D2 ······························· 해인사, 청량사
경주 지도 P33-E1 ············ 남산불적지, 보문관광단지, 불국사, 석굴암, 토함산
주왕산 지도 P27-D1 ················ 달기약수, 대전사, 달기폭포, 청련사, 주산지
지리산 지도 P30-B5, P36-D1 ············ 세석평전, 한신계곡, 쌍계사, 법계사, 청학동
팔공산 지도 P26-A5 ············ 팔공폭포, 가산산성, 군위삼존석굴, 동화사, 은해사
한려해상 지도 P38-C5, P37-F5 ················· 거제해금강, 남해대교, 구조라해변

제주도

한라산 지도 P44-C3 ················ 어승생악, 어리목, 관음사, 백록담, 영실기암

도립공원

경기도

남한산성 지도 P11-F3 ················· 남한산성, 수어장대, 검단산, 국청사, 백련사
수리산 지도 P11-E4 ···················· 수리사, 반월호수, 덕고개당숲, 철쭉동산
연인산 지도 P6-B4 ······················ 수락폭포, 용추구곡, 칼봉산자연휴양림

충청도

대둔산 지도 P23-F4 ······················· 태고사, 대둔산온천, 영주사, 영은사
덕산 지도 P16-C4 ············· 덕산온천, 수덕사, 육괴정, 가야산, 충의사, 정혜사
칠갑산 지도 P23-D2 ······················· 장곡사, 정혜사, 칠갑산자연휴양림

전라도

두륜산 지도 P41-E2 ································ 대흥사, 대둔산
마이산 지도 P30-A2 ························ 탑사, 암마이산, 숫마이산, 금당사
모악산 지도 P29-E2 ···················· 금산사, 대원사, 귀신사, 용화사, 청련암
불갑산 지도 P35-D2 ································ 불갑사, 용천사
선운산 지도 P28-B4 ················· 선운사, 도솔암, 동운암, 견치산(국사봉)
조계산 지도 P36-B3 ···················· 선암사, 송광사, 상사호, 대각암, 대승암
천관산 지도 P42-A2 ················· 천관사, 장천재, 장안사, 천관산자연휴양림

경상도

가지산 지도 P32-C3 ···················· 얼음골, 통도사, 내원사, 석남사, 천황사
금오산 지도 P25-E4 ························· 금오산성, 해운사, 약사암, 채미정
문경새재 지도 P19-E3 ·········· 혜국사, 조령, 영남제1관문, 영남제2관문, 영남제3관문
연화산 지도 P38-A3 ···················· 옥천사, 은혜사, 청련암, 연대암, 백련암
청량산 지도 P20-C3 ··························· 고산정, 축융봉, 청량사

제주특별자치도

마라해양 지도 P44-B5 ······················· 마라도, 가파도, 송악산, 산방굴사
성산일출해양 지도 P45-F2 ······················· 성산일출봉, 동암사, 섭지코지
우도해상 지도 P45-F1 ························ 비양도, 산호해변, 검멀레해변
제주곶자왈 지도 P44-B4 ······························ 전망대, 탐방로
추자해양 지도 P44-A2 ··························· 나바론절벽, 최영장군사당

시립·군립공원

경기도

명지산(가평) 지도 P6-B4
천마산(남양주) 지도 P12-A1

강원특별자치도

아미산(인제) 지도 P7-E3
대이리(삼척) 지도 P15-D4

전라도

강천산(순창) 지도 P29-E5
위봉산성(완주) 지도 P29-F1
장안산(장수) 지도 P30-B3

경상도

거열산성(거창) 지도 P30-C2
고소성(하동) 지도 P37-D2
구천계곡(거제) 지도 P38-C5
기백산(함양) 지도 P30-C2
덕구(울진) 지도 P21-E1
내연산보경사(포항) 지도 P27-E3
(구:보경사군립공원)
봉명산(사천) 지도 P37-E3
불영계곡(울진) 지도 P21-E2
비슬산(달성) 지도 P31-F2
빙계(의성) 지도 P26-B3
상족암(고성) 지도 P38-A4
신불산(울주) 지도 P33-D4
운문산(밀양) 지도 P32-C3
웅석봉(산청) 지도 P30-C5
월성계곡(거창) 지도 P30-C2
입곡(함안) 지도 P38-B1
호구산(남해) 지도 P37-E5
화왕산(창녕) 지도 P32-A4
황매산(합천) 지도 P31-D4

기타관광지

경기도

국립수목원 지도 P5-E5
소노벨비발디파크 지도 P12-C1
목아박물관 지도 P12-C4
산정호수 지도 P6-A3
서울대공원 지도 P11-E3
세종대왕릉 지도 P12-C4
신륵사 지도 P12-C4
에버랜드 지도 P11-F4
양지파인리조트 지도 P12-A5
와우정사 지도 P12-A5
용문사 지도 P12-B2
을왕리해변 지도 P10-B3
전등사 지도 P10-C1
청평사 지도 P7-D3
통일동산 지도 P4-C5
한국민속촌 지도 P11-F4
화성 지도 P11-E4

강원특별자치도

건봉사 지도 P9-E2
남이섬 지도 P6-B5
망상해수욕장 지도 P15-D1
맹방해수욕장 지도 P15-E3
백담사 지도 P7-F2
삼척해수욕장 지도 P15-E3
삼화사 지도 P15-D2
웰리힐리파크 지도 P13-F2
속초해변 지도 P8-C2
영랑호 지도 P8-C1
정동진 지도 P15-D1
옥계해변 지도 P15-D1
용평리조트 지도 P14-B1
장릉 지도 P14-A5
주문진해변 지도 P9-D4
춘천호반 지도 P6-C4
화진포해변 지도 P9-F2
법흥사 지도 P13-F3
횡성호 지도 P13-E2

충청도

고수동굴 지도 P20-A1
낙화암 지도 P23-D3
대천해수욕장 지도 P22-B2
덕산온천 지도 P17-D4
도고온천 지도 P17-E3
독립기념관 지도 P17-F3
마곡사 지도 P17-E5
무령왕릉 지도 P23-E1
삽교호함상공원 지도 P17-D2
수안보온천 지도 P19-D3
아산스파비스 지도 P17-E3
엑스포과학공원 지도 P23-F2
온양온천 지도 P17-E3
의림지 지도 P13-F5
장계관광지 지도 P24-B2
청풍문화재단지 지도 P19-E1
춘장대해변 지도 P22-B3
해미읍성 지도 P16-C4
현충사 지도 P17-F3

전라도

가마미해변 지도 P28-A5
고창읍성 지도 P28-C4
관매도해변 지도 P40-B4
광주패밀리랜드 지도 P35-F1
광한루 지도 P30-A5
낙안읍성민속마을 지도 P36-B4
남해관음포 지도 P37-E4
땅끝(토말) 지도 P41-E4
변산해수욕장 지도 P28-B2
송호해변 지도 P41-D4
신비의바닷길 지도 P41-D3
오동도 지도 P37-E5
천은사 지도 P36-C1

경상도

수로왕릉 지도 P39-E1
대진해변 지도 P21-F5
덕구온천 지도 P21-E1
도산서원 지도 P20-C4
돌섬해상유원지 지도 P38-C2
만불사 지도 P26-C5
백암온천 지도 P21-E4
범어사 지도 P39-E1
보경사 지도 P27-E3
부곡온천 지도 P32-A4
불영사 지도 P21-E2
삼사해상공원 지도 P27-E2
성류굴 지도 P21-F2
유가사 지도 P31-F2
율포솔밭해변 지도 P42-B1
장사해수욕장 지도 P27-E2
직지사 지도 P25-D4
촉석루 지도 P37-F2
도남관광단지 지도 P38-B5
태종대 지도 P39-F3
통도환타지아 지도 P33-D4
표충사 지도 P32-C4
하회마을 지도 P20-A5
해운대해수욕장 지도 P39-F2

제주특별자치도

마라도 지도 P44-B5
돈내코유원지 지도 P45-D4
만장굴 지도 P45-E1
산굼부리 지도 P45-D2
성산일출봉 지도 P45-F2
용두암 지도 P44-C1
중문관광단지 지도 P44-C4
중문색달해변 지도 P44-C4
한림공원 지도 P44-A3

목 차 CONTENTS / 범 례 LEGEND

전국안내지도 ························ 앞면지
독도 ··································· 앞면지뒤
전국 관광지 찾아보기 ······················ 1
목차 / 범례 ································ 2
전국 찾아보기 지도 ························· 3

전국편

개성 · 동두천 ························ 4~5
춘천 · 인제 ·························· 6~7
속초 · 강릉 ·························· 8~9
인천 · 서울 ·························· 10~11
이천 · 원주 ·························· 12~13
정선 · 동해 ·························· 14~15
서산 · 천안 ·························· 16~17
청주 · 충주 ·························· 18~19
영주 · 영양 ·························· 20~21
보령 · 논산 ·························· 22~23
대전 · 구미 ·························· 24~25
의성 · 포항 ·························· 26~27
부안 · 전주 ·························· 28~29
함양 · 고령 ·························· 30~31
대구 · 울산 ·························· 32~33
목포 · 광주 ·························· 34~35
순천 · 진주 ·························· 36~37
창원 · 부산 ·························· 38~39
진도 · 해남 ·························· 40~41
고흥 · 여수 ·························· 42~43
제주특별자치도 ······················ 44~45

서울·인천시편 (부천·광명·하남시)

서울 · 인천 찾아보기 (1:30,000) ········ 46~47
서울특별시 ··························· 48~49
종로 · 중구주요부 ···················· 50~51
양주시 · 도봉구 · 의정부시 · 노원구(1) ······ 52~53
김포시(1) · 서구(1) ···················· 54~55
김포시(2) · 고양시(1) · 강서구(1) ········ 56~57
고양시(2) · 은평구 · 종로구 · 서대문구 ······ 58~59
강북구 · 성북구 · 노원구(2) · 중랑구 ······ 60~61
서구(2) · 계양구(1) · 부평구(1) ········· 62~63
계양구(2) · 부평구(2) · 부천시(1) · 강서구(2) · 양천구(1) 64~65
양천구(2) · 영등포구 · 마포구 · 용산구 ······ 66~67
성동구 · 강남구(1) · 광진구 · 송파구(1) ······ 68~69
강동구 · 하남시 · 남양주시 ············ 70~71
인천중구 · 동구 · 서구(3) · 남구(1) ······ 72~73
부평구(3) · 남동구(1) · 부천시(2) · 구로구(1) · 시흥시(1) 74~75
구로구(2) · 금천구 · 광명시 · 동작구 · 관악구 76~77
서초구 · 강남구(2) · 강남구(3) · 송파구(2) ··· 78~79
연수구 · 남동구(2) ····················· 80~81

광역시편

부산광역시찾아보기(1:30,000) ········· 82~83
양산시 · 금정구 ······················ 84~85
김해시 · 강서구(1) ···················· 86~87
북구 · 금정구 ························ 88~89
기장군 · 해운대구 ···················· 90~91
강서구(2) · 사상구(1) ················· 92~93
사상구(2) · 부산진구 · 연제구 · 남구(1) ····· 94~95
강서구(3) · 사하구(1) ················· 96~97
서구 · 사하구(2) · 영도구 · 남구(2) ······ 98~99
대구광역시 ··························· 100~101
대구광역시주요부(1) ·················· 102~103
대구광역시주요부(2) ·················· 104~105
대구광역시주요부(3) ·················· 106~107
광주광역시 ··························· 108~109
광주광역시주요부(1) ·················· 110~111
광주광역시주요부(2) ·················· 112~113
대전광역시 ··························· 114~115
대전광역시주요부(1) ·················· 116~117
대전광역시주요부(2) ·················· 118~119
울산광역시 ··························· 120~121
울산광역시주요부 ····················· 122~123
세종특별자치시 ······················ 124~125

시지역편

경기도

수원특례시 ··························· 126~127
의정부시 · 동두천시 ··················· 128
구리시 · 남양주시 ····················· 129
고양특례시(3) ························ 130~131
안양시 · 과천시 · 의왕시(1) ··········· 132~133
군포시 · 의왕시(2) ···················· 134
여주시 · 포천시 · 양주시 ·············· 135
파주시 ······························· 136
김포시(3) · 화성시(시청지역 · 태안지역) ····· 137
성남시 ······························· 138~139
시흥시(2)(시화지역 · 시청지역) · 안산시 ····· 140~141
용인특례시 · 광주시 · 이천시 ·········· 142~143
평택시 · 안성시 · 오산시 ·············· 144~145

강원특별자치도

춘천시 · 원주시 · 태백시 ·············· 146~147
강릉시 · 속초시 · 동해시 · 삼척시 ······ 148~149

충청도

청주시 ······························· 150~151
충주시 · 제천시 ······················ 152~153
천안시 ······························· 154
아산시 · 서산시 · 보령시 ·············· 155
공주시 · 당진시 ······················ 156
논산시 · 계룡시 · 부여읍 ·············· 157

전라도

전주시 ······························· 158~159
군산시 ······························· 160
익산시 · 김제시 ······················ 161
정읍시 · 남원시 ······················ 162
목포시 ······························· 163
순천시 · 광양시 · 나주시 ·············· 164~165
여수시 ······························· 166~167

경상도

포항시 ······························· 168~169
경주시 ······························· 170~171
구미시 ······························· 172~173
문경시 · 영주시 · 김천시 ·············· 174
상주시 · 안동시 ······················ 175
경산시 · 영천시 · 밀양시 ·············· 176~177
창원특례시(마산회원구,마산합포구산,의창구, 성산구) 178~179
창원특례시(진해구) · 김해시 ·········· 180~181
진주시 · 사천시 ······················ 182~183
통영시 · 거제시 ······················ 184~185
양산시 ······························· 186

제주특별자치도

서귀포시 ····························· 187
제주시 ······························· 188~189

기 타

북한행정구역 ························· 190~191
고속도로노선도(전국) ················· 192~193
고속도로노선도(서울·인천·경기·부산·대구·울산) 194~195
수도권지하철노선도 ··················· 196~197
전국지하철노선도 ····················· 198
전국철도노선도 ······················· 199
국립자연휴양림 ······················· 200~201
전국오일장 ··························· 202~204
찾아보기 ····························· 205~208
판권 ································· 뒷면지앞
세계전도 ····························· 뒷면지

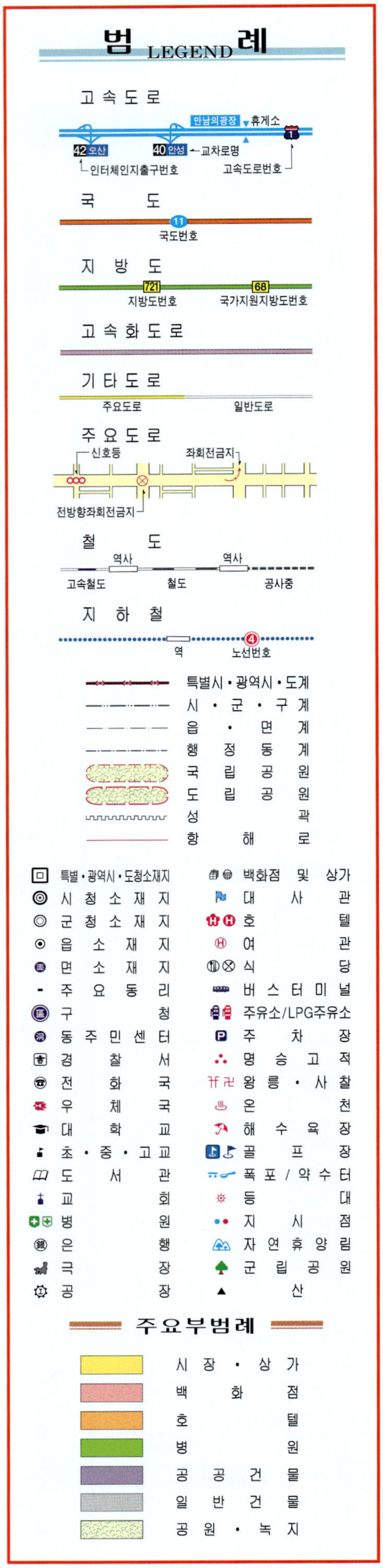

1
250,000 찾아보기 지도
황 해 도
4-5
6-7
8-9
강원특별자치도
동 해
10-11
경 기 도
12-13
14-15
16-17
18-19
20-21
충 청 북 도
충 청 남 도
서 해
(황 해)
22-23
24-25
경 상 북 도
26-27
28-29
전북특별자치도
30-31
경 상 남 도
32-33
34-35
전 라 남 도
36-37
38-39
40-41
42-43
남 해
대 한 해 협
제주특별자치도
44-45
서울
인천
대전
대구
광주
부산
울산
춘천(강원도청)
청주(충북도청)
전주(전북도청)
세종특별자치시
경북도청
창원
제주
0 15 30km

범례

- 고속도로
- 국도
- 지방도
- 고속화도로
- 기타도로 (주요도로, 일반도로)
- 공사중도로
- 철도·고속철도 (역사)
- 특별·광역시·도청소재지
- 시청소재지
- 군청소재지

◎ 읍소재지
◎ 면소재지
자연휴양림
오토캠핑장

11

1:250,000

0 5 10km
(1cm가 2.5km임)

4	5	6
10	11	12

범례

고속도로	지방도	기타도로 (주요도로 / 일반도로)	철도·고속철도 (역사)	시청소재지
국도	고속화도로	공사중도로	특별·광역시·도청소재지	군청소재지

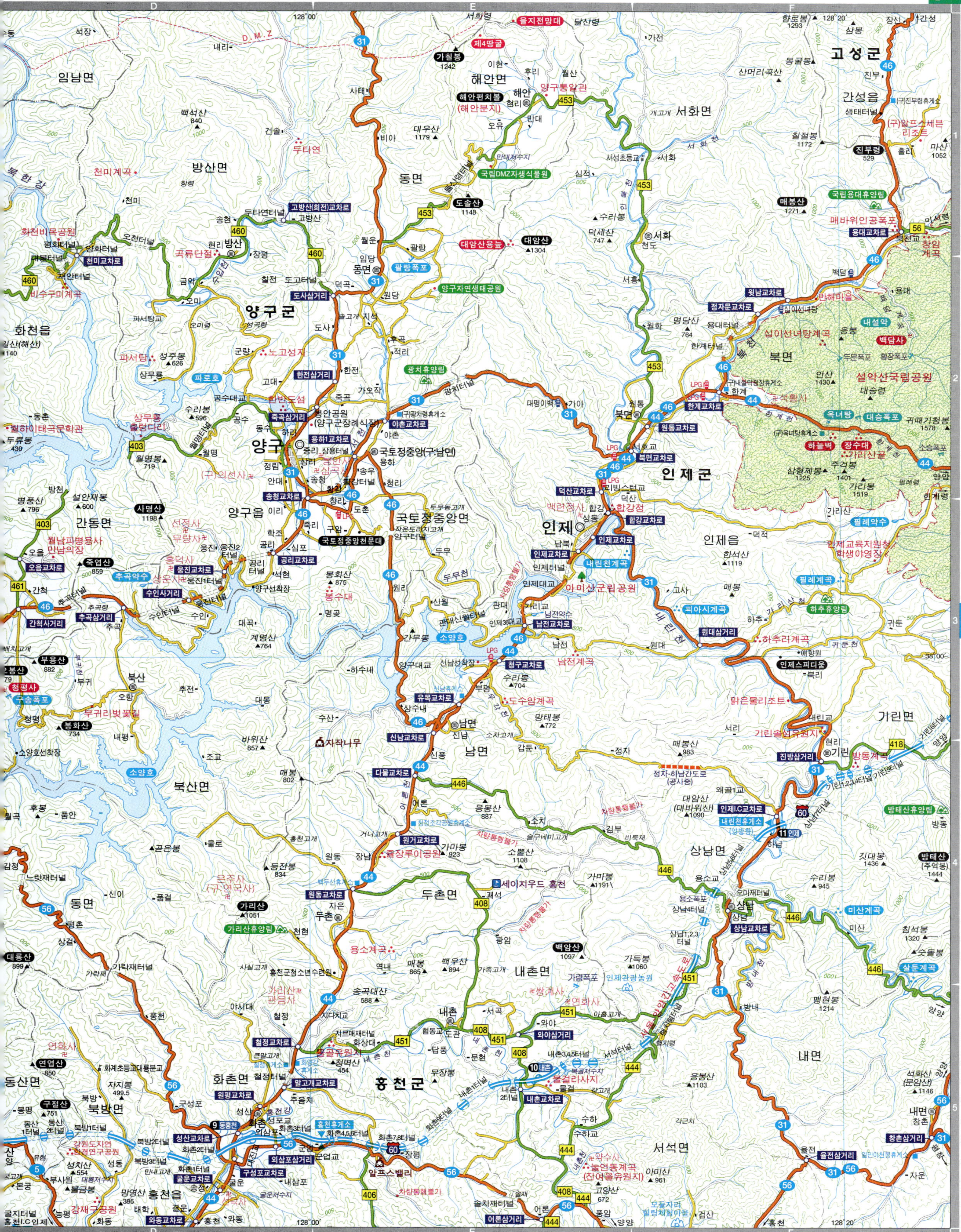

8

◉ 읍소재지
◎ 면소재지
자연휴양림
오토캠핑장

13

1:250,000

0 5 10km (1cm가 2.5km임)

5	6	7	8
11	12	13	14

범례
고속도로
국도
지방도
고속화도로
기타도로 (주요도로 일반도로)
공사중도로
철도·고속철도 (역사)
특별·광역시·도청소재지
시청소재지
군청소재지

범례
⊙ 읍소재지
⊚ 면소재지
자연휴양림
오토캠핑장

1:250,000

0 5 10km

(1cm가 2.5km임)

15

7 8 9
13 14 15

4

범례
- 고속도로
- 국도
- 지방도
- 고속화도로
- 기타도로 (주요도로 · 일반도로)
- 공사중도로
- 철도·고속철도 (역사)
- 특별·광역시·도청소재지
- 시청소재지
- 군청소재지

5

12

17

⊙ 읍소재지
◎ 면소재지
자연휴양림
오토캠핑장

1:250,000

0 5 10km
(1cm가 2.5km임)

4	5	
10	11	12
16	17	18

범례

고속도로	지방도	주요도로 / 일반도로 / 기타도로	역사 / 철도·고속철도
국도	고속화도로	공사중도로	특별·광역시/도소재지

◎ 시청소재지
○ 군청소재지

7

14

19

⊙ 읍소재지
◎ 면소재지
자연휴양림
오토캠핑장

1:250,000

0 5 10km
(1cm가 2.5km임)

5	6	7	8
11	12	13	14
17	18	19	20

13

범례
고속도로	지방도	주요도로 일반도로	기타도로	역사	철도·고속철도	시청소재지
국도	고속화도로	공사중도로	특별·광역시·도청소재지	군청소재지

울릉도
울릉군
삼선암
코끼리바위(공암)
북면
나리분지
내수전일출전망대
내수전몽돌
만물상
서면
울릉도
울릉읍
촛대바위
울릉
도동항
독도박물관
독도전망대
비파산
사자바위
남양
거북바위
사동항
울릉도공항
(2026년 예정)
저동
천부
현포
태하
묵호
포항
후포
독도
동도
서도
동해
동해시
삼척
삼척시
정동진
정동진역(KTX)
정동진조각공원
썬크루즈리조트
심곡항
금진항
옥계
옥계항
망상
망상해수욕장역(하계임시운행)
어달
묵호항
묵호진동
동해역(KTX)
추암
쏠비치삼척
삼척항
죽서루
한재밀
맹방
덕산
근덕
궁촌
장호
갈남항
해신당공원
황영조기념공원
용화
임원
임원항
원덕
호산
월천
미로면
미로
신기
신기면
노곡면
근덕면
원덕읍
가곡면
도계
도계읍
하장면
대이리군립공원
환선굴
대금굴
덕항산
두타산
무릉반석
무릉계곡
삼화사
천은사
준경묘
영경묘
응봉산
백병산
울진군
북면
나곡
부구
동해선(영덕~삼척구간)
(공사중)
동해선(영덕~삼척구간)
(2024년 예정)
검봉산
검봉산휴양림
이끼계곡
덕풍계곡
동활계곡
가곡휴양림
태백고원휴양림
삼척활기휴양림
강원특별자치도
경상북도
동막교차로
용두교차로
근덕역(예정)
삼척해양레일바이크
두리봉
사금산
육백산
구사리교차로
신리교차로
신리너와집
너와마을
흥전
황조
오저
광태
덕구교차로
나곡리느티나무
37°40′
37°30′
37°20′
129°20′
130°50′
129°00′
울릉도(도동항)

⊙ 읍소재지
⊚ 면소재지
자연휴양림
오토캠핑장

1:250,000

0 5 10km
(1cm가 2.5km임)

범례
고속도로
국도
지방도
고속화도로
기타도로 (주요도로 일반도로)
공사중도로
철도·고속철도 (역사)
특별·광역시·도청소재지
시청소재지
군청소재지

11
18
23

- 읍소재지
- 면소재지
- 자연휴양림
- 오토캠핑장

1:250,000

0 5 10km (1cm가 2.5km임)

10	11	12
16	17	18
	22	23

진천・안성

12

17

범례

고속도로	지방도
국도	고속화도로
기타도로 (주요도로, 일반도로)	공사중도로
철도·고속철도 (역사)	특별·광역시·도청소재지
시청소재지	군청소재지

13

20

25

- ⊙ 읍소재지
- ⊗ 면소재지
- 자연휴양림
- 오토캠핑장

1:250,000

0 5 10km (1cm가 2.5km임)

11 12 13 14
17 18 19 20
23 24 25 26

범례
고속도로
국도
지방도
고속화도로
주요도로 일반도로
기타도로
공사중도로
역사
철도·고속철도
특별·광역시·도청소재지
시청소재지
군청소재지

태백시
삼척시
가곡면
원덕읍
북면
죽변면
울진읍
울진
울진군
금강송면
근남면
석포면
소천면
재산면
매화면
기성면
동해
일월면
수비면
평해읍
평해
온정면
후포면
영양군
영양
영양읍
청기면
입암면
석보면
병곡면
창수면
영덕군
영해
영해면
축산면
지품면
진보
진보면
청송군
파천면
응봉산
일월산
검마산
백암산
칠보산
백암온천
불영사
왕피천계곡
1:250,000

16

서천·군산

범례
고속도로 · 국도 · 지방도 · 고속화도로 · 기타도로(주요도로, 일반도로) · 공사중도로 · 철도·고속철도(역사) · 특별·광역시·도청소재지 · 시청소재지 · 군청소재지

17

24

29

⊙ 읍소재지
⊗ 면소재지
자연휴양림
오토캠핑장

1:250,000

0 5 10km
(1cm가 2.5km임)

16	17	18
22	23	24
28	29	30

18

23

범례
고속도로
국도
지방도
고속화도로
주요도로 일반도로 기타도로
공사중도로
역사 철도·고속철도
시청소재지
특별·광역시·도청소재지
군청소재지

19

26

31

⊙ 읍소재지
⊗ 면소재지
자연휴양림
오토캠핑장

1:250,000

0 5 10km
(1cm가 2.5km임)

17	18	19	20
23	24	25	26
29	30	31	32

20

25

범례

고속도로	국도
지방도	고속화도로
주요도로 일반도로 기타도로	공사중도로
역사 철도·고속철도	특별·광역시·도청소재지
시청소재지	군청소재지

21

33

⊙ 읍소재지
◉ 면소재지
자연휴양림
오토캠핑장

1:250,000

0 5 10km
(1cm가 2.5km임)

19	20	21
25	26	27
31	32	33

22

변산반도 • 고창

범례
고속도로
국도
지방도
고속화도로
주요도로 일반도로 기타도로
공사중도로
철도·고속철도
특별·광역시·도청소재지
시청소재지
군청소재지

23

30

35

⊙ 읍소재지
⊚ 면소재지
자연휴양림
오토캠핑장

1:250,000

0 5 10km
(1cm가 2.5km임)

22	23	24
28	29	30
34	35	36

24

29

범례	고속도로	지방도	주요도로 일반도로 기타도로	역사 철도·고속철도
	국도	고속화도로	공사중도로	특별·광역시·도청소재지
				시청소재지
				군청소재지

성주군
성주
고령군
고령
합천군
합천
의령군
의령
창녕군
창녕
달성군
대구광역시
김천시
진주시
함안군
가야산국립공원
해인사
가야산
낙동강
대가야읍
다사읍
논공읍
옥포읍
유가읍
현풍읍
구지면
대합면
이방면
유어면
부림면
낙서면
지정면
정곡면
유곡면
궁류면
봉수면
쌍백면
삼가면
대양면
율곡면
쌍책면
덕곡면
우곡면
개진면
운수면
성산면
다산면
쌍림면
야로면
가야면
묘산면
봉산면
초계면
적중면
청덕면
가회면
대병면
용주면
성주읍
수륜면
가천면
대가면
벽진면
선남면
용암면
월항면
금수면

32
37

23	24	25	26
29	30	31	32
	36	37	38

26

31

범례

고속도로 | 지방도 | 기타도로 | 철도·고속철도 | 시청소재지

국도 | 고속화도로 | 공사중도로 | 특별·광역시·도청소재지 | 군청소재지

27

39

⊙ 읍소재지
⊙ 면소재지
자연휴양림
오토캠핑장

1:250,000

0 5 10km (1cm가 2.5km임)

25 26 27
31 32 33
38 39

28

범례
고속도로
국도
지방도
고속화도로
기타도로
공사중도로
철도·고속철도
특별·광역시·도청소재지
시청소재지
군청소재지

◉ 읍소재지
◎ 면소재지
자연휴양림
오토캠핑장

1:250,000

0 5 10km
(1cm가 2.5km임)

28	29	
34	35	36
40	41	42

30

구례·보성

35

범례
고속도로
국도
지방도
고속화도로
기타도로 (주요도로, 일반도로)
공사중도로
철도·고속철도 (역사)
특별·광역시·도청소재지
시청소재지
군청소재지

⊙ 읍소재지 ◉ 면소재지 자연휴양림 오토캠핑장

1:250,000

0 5 10km (1cm가 2.5km임)

29	30	31
35	36	37	38
41	42	43

32

37

범례

고속도로
국도
지방도
고속화도로
기타도로 (주요도로 / 일반도로)
공사중도로
철도·고속철도 (역사)
특별·광역시·도청소재지
시청소재지
군청소재지

⊙ 읍소재지
◎ 면소재지
자연휴양림
오토캠핑장

1:250,000

0 5 10km
(1cm가 2.5km 임)

31	32	33
37	38	39
43		

범례
고속도로
국도
지방도
고속화도로
기타도로
공사중도로
철도·고속철도
특별·광역시·도청소재지
시청소재지
군청소재지

35
42
영암군
미암면
영암호
산이면
산이
금호호
문내면
도장사
해남공룡박물관
황산면
황산
해남군
해남읍
해남
마산면
마산
계곡면
계곡
옥천면
옥천
강진읍
강진
강진군
성전면
작천면
병영면
병영
군동면
장흥읍
장흥군
칠량면
도암면
대구면
마량면
대덕읍
용산면
삼산면
삼산
두륜산
703
대흥사
두륜산도립공원
대둔산
672
현산면
현산
화산면
화산
신전면
신전
북일면
북일
도 암 만
북평면
북평
송지면
송지
땅끝
땅끝여객선터미널
사구미
미황사
달마산
489
고군면
군외면
완도
완도읍
완도군
고금면
고금도
고금
약산면
조약도
신지도
신지면
신지명사십리
청해포구촬영장
청해진지
상왕봉
644
백운봉
601
완도수목원
군외면
흑일도
백일도
횡간도
횡간수도
노화읍
노화도
보길도
보길면
보길
소안면
소안도
소안
청산면
청산도
청산
다도해해상국립공원
(소안도·청산도지구)
남 해
외 모 군 도
신비의바닷길
고산유적
예송리
공룡알
가학산
우수영
금호도
해남오시아노관광단지
13
18
23
55
77
806
819
827
830
126°40'
34°20'

36

41

범례
고속도로
국도
지방도
고속화도로
기타도로 (주요도로 일반도로)
공사중도로
철도·고속철도 (역사)
특별·광역시·도청소재지
시청소재지
군청소재지

여자만
가막만
여수시
화양면
화정면
돌산도
돌산읍
여수만
경상남도
전라남도
남해군
상주면
남면
한려해상국립공원
(상주·금산지구)
금오도
금오열도
안도
연도
다도해해상국립공원
(금오도지구)
개도
백야도
동일면
내나로도
외나로도
봉래면
나로우주센터우주과학관
남해
부산~제주 여객운송 장거리
미조면
미조항
여서도
완도군
청산면
거문도
동도
서도
삼산면
다도해해상국립공원
(거문도·백도지구)
백도
거문도·백도

⊙ 읍소재지
⊚ 면소재지
자연휴양림
오토캠핑장

1:250,000

0 5 10km
(1cm가 2.5km임)

제주특별자치도

범례
- 고속도로
- 국도
- 지방도
- 고속화도로
- 기타도로 (주요도로 / 일반도로)
- 공사중도로
- 철도·고속철도 (역사)
- 특별·광역시·도청소재지
- 시청소재지
- 군청소재지

제주특별자치도
조천
조천읍
구좌
구좌읍
성산
성산읍
표선
표선면
남원
남원읍
서귀포
우도면
우도
성산일출봉
성산일출해양도립공원
우도해양도립공원
서귀포해양도립공원
만장굴
김녕
비자림
산굼부리
섭지코지
제주민속촌
정방폭포
천지연폭포
지귀도
문섬
섶섬
126°40′
126°50′
127°00′
33°30′
33°20′
33°07′
이어도
제주해협
제주
한라산국립공원
한라산 1950
가파도
마라도
남 해
149km
이어도(종합해양과학기지)
북위32° 07′ 22″ 동경125° 10′ 56″
1:3,000,000
125°
126°
127°
33°
32°07′

⊙ 읍소재지
⊚ 면소재지
자연휴양림
오토캠핑장

1:200,000

0 4 8km
(1cm가 2km임)

4

10

범례

- 특별·광역시·도계
- 시·군·구계
- 읍·면계
- 행정동계
- 고속철도
- 역사 철도
- 지하철
- 고속도로번호 16 고속도로
- 국도번호 56 국도
- 지방도번호 575 지방도
- 주요도로
- 기타도로

12

▣ 특별·광역·도청 ◎ 군청 ◉ 면사무소 대학교 명승지 자연휴양림 지시점
◎ 시청 ⊙ 읍사무소 ◉ 구청 골프장 왕릉 관광농원

1:250,000 0 2.5 5km (1cm가 2.5km임)

4	6	8
10	46	47	12
16	18	20

5
11
일산서구
일산동구
고양특례시
덕양구
양주시
장흥면
은평구
서대문구
마포구
강서구
양천구
영등포구
구로구
동작구
관악구
금천구
광명시
시흥시
부천시
김포시
인천광역시
계양구
부평구
남동구
안양시
만안구
동안구
김포국제공항
한강
4 사리현
16 통일로
3 고양분기점
17 고양
18 일산
19 자유로분기점
2 흥도
1 봉대산분기점
9 북로분기점
20 김포
7 김포공항
8 88분기점
6 21 노오지분기점
22 계양
6 부천
7 신월
5 23 서운분기점
24 중동
25 송내
26 장수
27 시흥
6 광명
37 소하분기점
금천
관악
남고양

의정부시
14 의정부
도봉구
노원구
강북구
성북구
중랑구
동대문구
종로구
중구
용산구
성동구
광진구
강동구
송파구
강남구
서초구
과천시
성남시
수정구
중원구
하남시
광주시
남한산성면
구리시
남양주시
별내면
진접읍
진건읍
퇴계원읍
13 별내
12 퇴계원
10 구리
2 중랑
9 남양주
8 토평
1 남구리
7 강일분기점
6 상일
5 43 하남분기점
4 서하남
3 송파
7 헌릉
49 양재
사당
한강
북한산국립공원
남한산성도립공원
미사
서울시청
종로구청
중구청
용산구청
성동구청
광진구청
동대문구청
중랑구청
노원구청
도봉구청
강북구청
성북구청
강동구청
송파구청
강남구청
서초구청
구리시청
수정구청
12
11

1:100,000
0 1 2 3km
(1cm가 1km임)

59

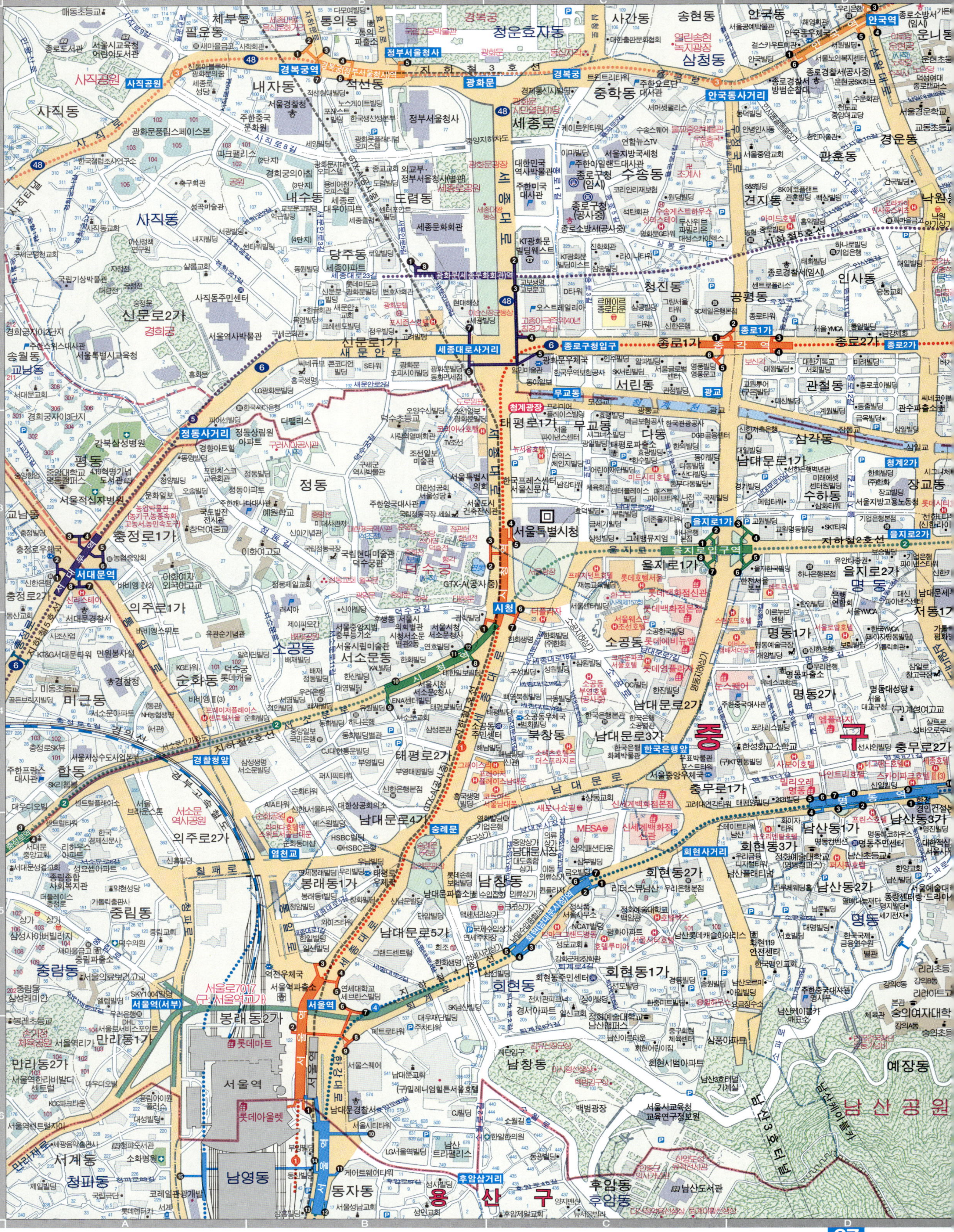

일반건물
아파트
공공건물
상가
학교
백화점
호텔
병원
지하철 노선번호
지하철역출구번호
본지번
건물입구

67
67

종로구
종묘
훈정동
와룡동
원남동
연건동
이화동
충신동
효제동
연지동
창신2동
창신동
창신1동
종로5.6가동
종로6가
종로5가
종로4가
종로3가
종로1.2.3.4가동
인의동
묘동
봉익동
돈의동
익선동
장사동
세운4구역 재개발지구 (조성중)
예지동
관수동
수표동
입정동
산림동
주교동
을지로동
방산동
광희동
을지로6가
을지로7가
을지로5가
을지로4가
을지로3가
국립중앙의료원
오장동
인현동2가
인현동1가
저동2가
초동
충무로3가
충무로4가
충무로5가
예관동
쌍림동
광희동1가
광희동2가
신당동
장충동1가
장충동2가
필동1가
필동2가
필동3가
필동
주자동
남학동
묵정동
동국대학교
장충단공원
남산공원
장충동
다산동
약수동
청구동
서울신라호텔
국립극장
충무로역
을지로3가
을지로4가
청계4가
청계5가
청계6가
청계3가
흥인지문
동대문역사문화공원역
광희동사거리
오장동사거리
이화사거리
원남동사거리
장충체육관
약수역
진양상가
중구청
퇴계로2가
퇴계로4가
퇴계로5가
한양공고앞
남산1호터널
남산2호터널

68

1:10,000 0 100 200m (1cm가 100m임)

범례
특별·광역시·도계
시·군·구계
읍·면계
행정동계
고속철도
철도
지하철
고속도로
국도
지방도
고속화도로
기타도로
(먹글자) 법정동명
(청글자) 행정동명

□ 특별·광역·도청 ◎ 군청 Ⓜ 면사무소 Ⓜ 동주민센터 ⊛ 소방서 ⊛ 전화국 P 주차장 주유소 •• 지시점
◎ 시청 ⊙ 읍사무소 Ⓖ 구청 Ⓟ 경찰서 ⊛ 우체국 학교 골프장 LPG충전소 교차로명

1:30,000 0 300 600m (1cm가 300m임)

5	5	5	5
11	52	53	11
59	60	61	11

범례

특별·광역시·도계	읍·면계	고속철도	지하철	국도	고속화도로	(먹글자) 법정동명
시·군·구계	행정동계	철도	고속도로	지방도	기타도로	(청글자) 행정동명

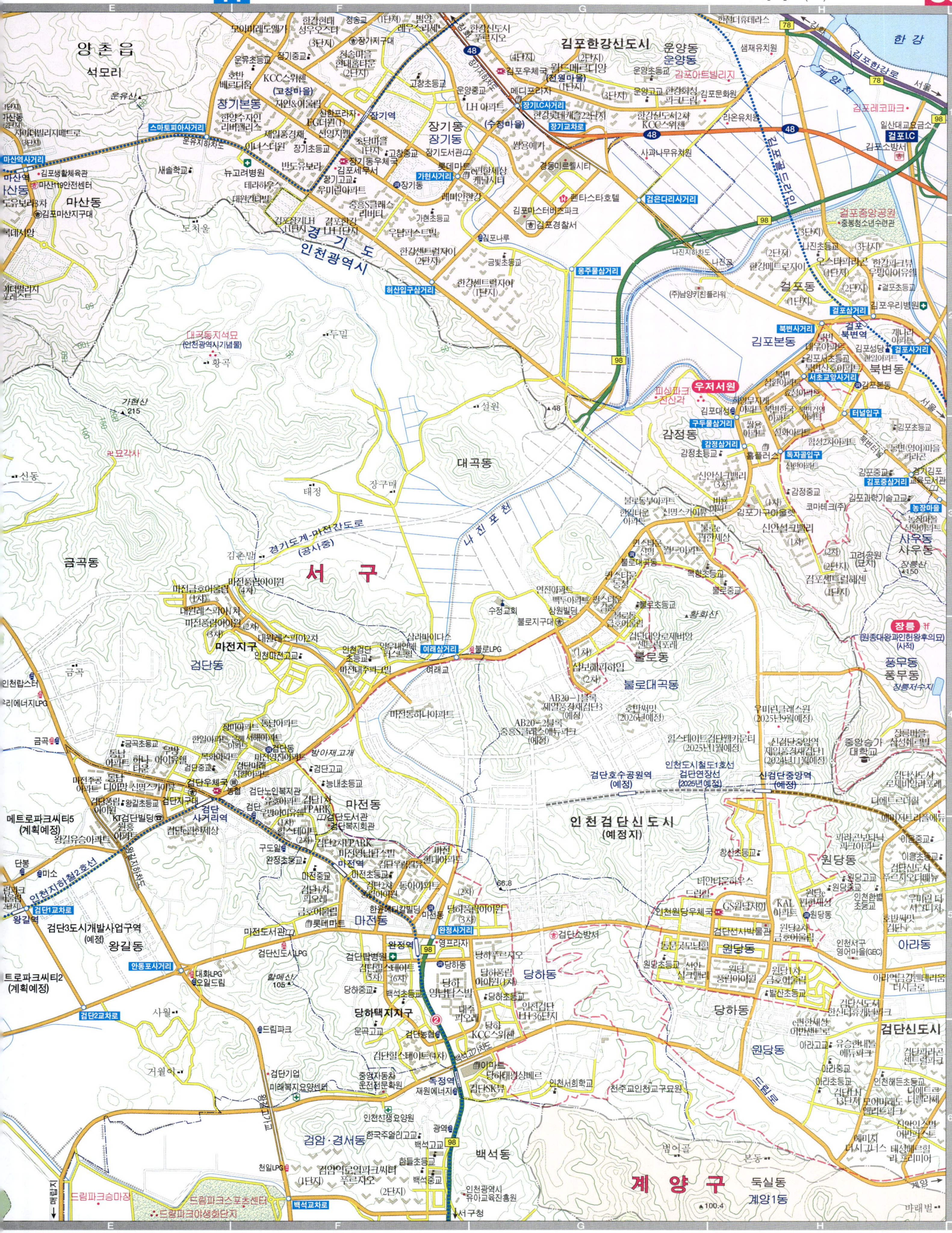

1:30,000 (1cm가 300m임)

10	10	11	11
10	54	55	56
10	62	63	64

범례: 특별·광역·도청, 시청, 군청, 읍사무소, 면사무소, 구청, 동주민센터, 경찰서, 소방서, 우체국, 전화국, 학교, 주차장, 골프장, 주유소, LPG충전소, 지시점, 교차로명

범례
특별·광역시·도계
시·군·구계
읍·면계
행정동계
고속철도
철도
지하철
고속도로
국도
지방도
고속화도로
기타도로
(먹글자) 법정동명
(청글자) 행정동명

□ 특별·광역·도청 ◎ 군청 면사무소 동주민센터 소방서 전화국 주차장 주유소 •• 지시점
◎ 시청 ◉ 읍사무소 구청 경찰서 우체국 학교 골프장 LPG충전소 교차로명

1:30,000 0 300 600m (1cm가 300m임)

11	11	11	11
55	56	57	58
63	64	65	66

범례
특별·광역시·도계
시·군·구계
읍·면계
행정동계
고속철도
철도
지하철
고속도로
국도
지방도
고속화도로
기타도로
(먹글자) 법정동명
(청글자) 행정동명

고양특례시
덕양구
강북구
북한산국립공원
은평구
성북구
종로구
서대문구
북한동
우이동
진관동
구기동
평창동
불광동
불광1동
녹번동
홍은1동
홍은동
홍은2동
홍제1동
홍제2동
홍제3동
부암동
청운동
삼청동
성북동
정릉동
정릉3동
수유동
인수동
옥인동
누상동
사직동
무악동
궁정동
가회동
와룡동
혜화동
명륜3가
응암동
응암1동
연희동
태고사
삼천사
진관사
경복궁
창덕궁
창경궁
청와대
삼청공원
정릉유원지
북한산성
은평뉴타운
은평구청
서대문구청
상명대학교
국민대학교
서울여자간호대학교
배화여자대학교
보현봉
720
비봉
560
향로봉
535
형제봉
462
북악산
342
인왕산
안산
295
용봉
333
족두리봉
(수리봉)
GTX-A(공사중)
내부순환로
60

특별·광역·도청
군청
면사무소
동주민센터
소방서
전화국
주차장
주유소
지시점
시청
읍사무소
구청
경찰서
우체국
학교
골프장
LPG충전소
교차로명
1:30,000
0 300 600m
(1cm가 300m임)
11 11 11 52
57 58 59 60
65 66 67 68

52

도봉구 • 동대문구일부

59

범례
특별·광역시·도계 · 읍·면계 · 고속철도 · 지하철 · 국도 · 고속화도로 · (먹글자) 법정동명
시·군·구계 · 행정동계 · 철도 · 고속도로 · 지방도 · 기타도로 · (청글자) 행정동명

11

특별·광역·도청 · 군청 · 면사무소 · 동주민센터 · 소방서 · 전화국 · 주차장 · 주유소 · 지시점
시청 · 읍사무소 · 구청 · 경찰서 · 우체국 · 학교 · 골프장 · LPG충전소 · 교차로명

1:30,000 0 300 600m (1cm가 300m임)

11	52	53	11
59	60	61	11
67	68	69	70

인천광역시일부

범례
특별·광역시·도계 / 시·군·구계 / 읍·면계 / 행정동계 / 고속철도 / 철도 / 지하철 / 고속도로 / 국도 / 지방도 / 고속화도로 / 기타도로 / (먹글자) 법정동명 / (청글자) 행정동명

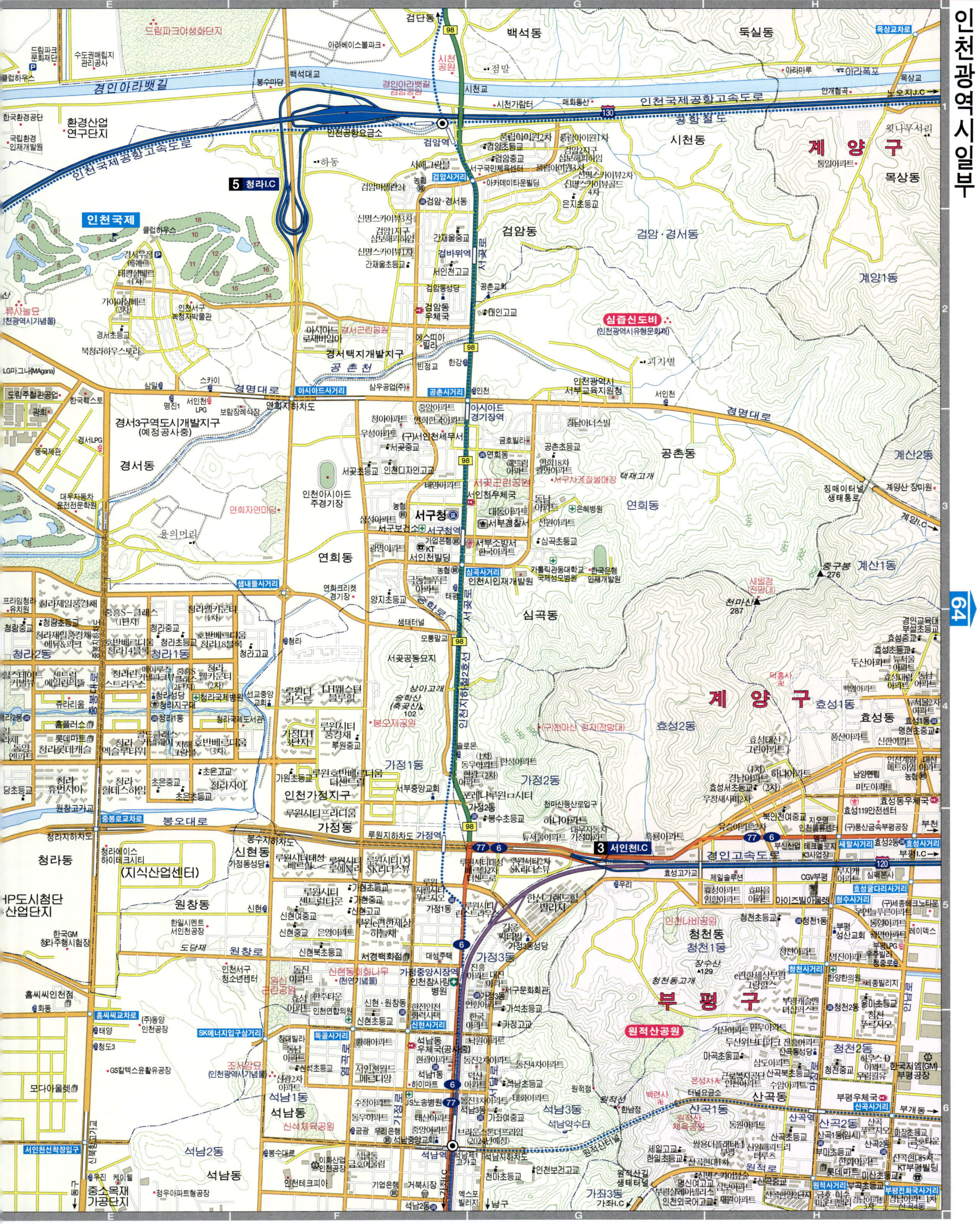

□ 특별·광역·도청 ◎ 군청 ◎ 시청 ◉ 읍사무소 ▣ 면사무소 ▣ 구청 ▣ 동주민센터 ▣ 경찰서 ◉ 소방서 ◉ 우체국 ◉ 전화국 ▲ 학교 P 주차장 ⛳ 골프장 ● 주유소 ● LPG충전소 •• 지시점 교차로명

1:30,000 0 300 600m (1cm가 300m임)

10	54	55	56
10	62	63	64
10	72	73	74

63

범례
- 특별·광역시·도계
- 시·군·구계
- 읍·면계
- 행정동계
- 고속철도
- 철도
- 지하철
- 고속도로
- 국도
- 지방도
- 고속화도로
- 기타도로
- (먹글자) 법정동명
- (청글자) 행정동명

66

특별·광역·도청 / 시청 / 군청 / 읍사무소 / 면사무소 / 구청 / 동주민센터 / 경찰서 / 소방서 / 우체국 / 전화국 / 학교 / 주차장 / 골프장 / 주유소 / LPG충전소 / 지시점 / 교차로명

1:30,000 (1cm가 300m임)

55	56	57	58
63	64	65	66
73	74	75	76

양천구 • 영등포구 일부

범례
특별·광역시·도계
시·군·구계
읍·면계
행정동계
고속철도
철도
지하철
고속도로
국도
지방도
고속화도로
기타도로
(먹글자) 법정동명
(청글자) 행정동명

□ 특별·광역·도청 ◎ 군청 ◉ 면사무소 ◉ 동주민센터 ◉ 소방서 ◉ 전화국 P 주차장 ◉ 주유소 •• 지시점
◎ 시청 ◉ 읍사무소 ◉ 구청 ◉ 경찰서 ◉ 우체국 ◉ 학교 ◉ 골프장 ◉ LPG충전소 ◉ 교차로명

1:30,000 0 300 600m (1cm가 300m임)

57	58	59	60
65	66	67	68
75	76	77	78

중구 • 용산구 • 서초구일부

범례
특별·광역시·도계
시·군·구계
읍·면계
행정동계
고속철도
철도
지하철
고속도로
국도
지방도
고속화도로
기타도로
(먹글자) 법정동명
(청글자) 행정동명

70

특별·광역·도청 · 군청 · 면사무소 · 동주민센터 · 소방서 · 전화국 · 주차장 · 주유소 · 지시점
시청 · 읍사무소 · 구청 · 경찰서 · 우체국 · 학교 · 골프장 · LPG충전소 · 교차로명

1:30,000 — 0 300 600m (1cm가 300m임)

59	60	61	11
67	68	69	70
77	78	79	11

범례
특별·광역시·도계
시·군·구계
읍·면계
행정동계
고속철도
철도
지하철
고속도로
국도
지방도
고속화도로
기타도로
(먹글자) 법정동명
(청글자) 행정동명

70쪽 상단연결
남양주시
한강
하남시
서울양양고속도로
미사대교
미사I.C
경기도
서울특별시
강동구
선동
미사2동
미사동
하남 미사리(선사) 유적
수석동
지금동
도곡I.C
도곡리
프라움악기박물관
와부읍
예봉산
683
진중리
조안면
남양주시
팔당리
경의중앙선
강릉선KTX
조안리
팔당대교I.C
팔당역
팔당대교
팔당대교남단교차로
팔당유원지
한강
신장동
신장2동
하남유니온파크
스타필드하남
하남시청
천현사거리
창우동
하남I.C
천현동
하남경찰서
하산곡동
상산곡동
검단산
657
남한산성도립공원
중부고속도로
마천2동
마천동
마천1동
거여1동
거여2동
거여역
거여동
송파구
위례동
장지동
캐슬렉스서울
하남시
감이동
감북동
성남
학암동
창곡동
성남시
수정구
양지동
70쪽 하단연결

62

10

범례

특별·광역시·도계	읍·면계	고속철도	지하철	국도	고속화도로	(먹글자) 법정동명
시·군·구계	행정동계	철도	고속도로	지방도	기타도로	(청글자) 행정동명

서구
부평구
남동구
미추홀구
연수구
석남동
가좌1동
가좌2동
가좌3동
가좌4동
석남3동
산곡1동
산곡2동
산곡3동
부평3동
십정1동
십정2동
십정동
간석3동
간석4동
간석동
간석1동
간석2동
구월동
구월1동
구월3동
송림6동
송림3지구
송림4동
송림3·5동
숭의1·3동
숭의4동
숭의동
숭의2동
도화동
도화1동
도화2·3동
주안동
주안1동
주안2동
주안3동
주안4동
주안5동
주안6동
주안7동
주안8동
용현동
용현1·4동
용현2동
용현3동
용현5동
학익1동
학익2동
학익동
관교동
문학동
선학동
옥련동
옥련2동
청학동
연수1동
인천일반산업단지
주안산단5단지
주안산단6단지
주안국가산업단지
인천광역시청
미추홀구청
인천문학경기장
관교공원
문학산
가좌I.C
도화I.C
6 학익분기점
7 문학I.C
8 남동I.C
제2경인고속도로
74

인천광역시 • 부천시일부

73

범례
특별·광역시·도계
시·군·구계
읍·면계
행정동계
고속철도
철도
지하철
고속도로
국도
지방도
고속화도로
기타도로
(먹글자) 법정동명
(청글자) 행정동명

구로구 • 시흥시 • 광명시일부

□ 특별·광역·도청 ◎ 군청 ⓜ 면사무소 ⓒ 동주민센터 소방서 전화국 P 주차장 주유소 •• 지시점
◎ 시청 ⊙ 읍사무소 ⓖ 구청 경찰서 우체국 학교 골프장 LPG충전소 교차로명

1:30,000 0 300 600m (1cm가 300m임)

63	64	65	66
73	74	75	76
79	79	11	11

67

범례
- 특별·광역시·도계
- 시·군·구계
- 읍·면계
- 행정동계
- 고속철도
- 철도
- 지하철
- 고속도로
- 국도
- 지방도
- 고속화도로
- 기타도로
- (먹글자) 법정동명
- (청글자) 행정동명

□ 특별·광역·도청 ◎ 군청 ◉ 시청 ⊙ 읍사무소 면사무소 동주민센터 구청 소방서 경찰서 전화국 우체국 학교 주차장 골프장 주유소 LPG충전소 지시점 교차로명

1:30,000 0 300 600m (1cm가 300m임)

65	66	67	68
75	76	77	78
11	11	11	11

68

과천시일부

77

범례
- 특별·광역시·도계
- 시·군·구계
- 읍·면계
- 행정동계
- 고속철도
- 철도
- 지하철
- 고속도로
- 국도
- 지방도
- 고속화도로
- 기타도로
- (먹글자) 법정동명
- (청글자) 행정동명

□ 특별·광역·도청 ◎ 군청 ▣ 면사무소 ▣ 동주민센터 ✚ 소방서 ☎ 전화국 P 주차장 ⛽ 주유소 •• 지시점
◎ 시청 ⊙ 읍사무소 ▣ 구청 ▣ 경찰서 ✉ 우체국 ▪ 학교 ⛳ 골프장 ⛽ LPG충전소 교차로명

1:30,000 0 300 600m (1cm가 300m임)

67	68	69	70
77	78	79	11
11	11	11	11

인천광역시일부

범례
특별·광역시·도계
읍·면계
고속철도
지하철
국도
고속화도로
(먹글자) 법정동명
시·군·구계
행정동계
철도
고속도로
지방도
기타도로
(청글자) 행정동명

10	72	73	33
10	80	81	11
10	10	11	11

1:30,000 (1cm가 300m임) 0 300 600m

특별·광역·도청 · 시청 · 군청 · 읍사무소 · 면사무소 · 구청 · 동주민센터 · 경찰서 · 소방서 · 우체국 · 전화국 · 학교 · 주차장 · 골프장 · 주유소 · LPG충전소 · 지시점 · 교차로명

84-85
86-87
88-89
92-93
94-95
96-97
98-99
96
92
39
김해시
한림면
생림면
상동면
주촌면
대동면
진례면
강서구
사상구
사하구
진해구
창원특례시
김해국제공항
서낙동강
진해만
가덕도
녹산국가산업단지
부산신항
신호동
명지주거단지
부산과학일반산업단지
김해시청
강서구청
사상구청
사하구청
다대포
감천만
1 36 냉정분기점
37 서김해
38 동김해
38-1 김해분기점
2 39 대저분기점
40 덕천
1 삼락(김해공항)
3 가락
4 서부산
5 사상
2 장유
2 대청
1 3 대동분기점
2-3 5 대감분기점
2-2 대동
2-1 초정
6 김해 가야하이패스
경도(모자섬)

양산시
동면
금정구
북구
동래구
연제구
부산진구
동구
중구
서구
영도구
남구
수영구
해운대구
기장군
철마면
일광읍
기장읍
90-91
39
수영만
동해
부산만
남해
부산광역시청
금정구청
동래구청
연제구청
부산진구청
동구청
중구청
영도구청
남구청
수영구청
해운대구청
기장군청
회동저수지
해운대해수욕장
광안리해수욕장
송정해수욕장
태종대유원지
달맞이공원
이기대공원
신선대유원지
황령산
부산
노포동
구서
회동I.C
원동I.C
기장
해운대
동부산

39

1:100,000
(1cm가 1km임)

범례
- 특별·광역시·도계
- 시·군·구계
- 읍·면계
- 행정동계
- 고속철도
- 철도
- 지하철
- 고속도로
- 국도
- 지방도
- 고속화도로
- 기타도로
- (먹글자) 법정동명
- (청글자) 행정동명

특별·광역·도청 ◎ 군청 ◎ 면사무소 ◎ 동주민센터 ◎ 소방서 ◎ 전화국 P 주차장 ◎ 주유소 •• 지시점
◎ 시청 ◎ 읍사무소 ◎ 구청 ◎ 경찰서 ◎ 우체국 ◎ 학교 ◎ 골프장 ◎ LPG충전소 용산역앞 교차로명

1:30,000 0 300 600m (1cm가 300m임)

32	32	33	33
32	84	85	33
87	88	89	90

범례
특별·광역시·도계
시·군·구계
읍·면계
행정동계
고속철도
철도
지하철
고속도로
국도
지방도
고속화도로
기타도로
(먹글자) 법정동명
(청글자) 행정동명

□ 특별·광역·도청 ◎ 군청 ▣ 면사무소 ▣ 동주민센터 ⊕ 소방서 ☎ 전화국 P 주차장 주유소 •• 지시점
◎ 시청 ⊙ 읍사무소 ▣ 구청 ▣ 경찰서 우체국 학교 골프장 LPG충전소 교차로명

1:30,000
0 300 600m
(1cm가 300m임)

39	39	39	84
39	86	87	88
39	92	93	94

범례
- 특별·광역시·도계
- 시·군·구계
- 읍·면계
- 행정동계
- 고속철도
- 철도
- 지하철
- 고속도로
- 국도
- 지방도
- 고속화도로
- 기타도로
- (먹글자) 법정동명
- (청글자) 행정동명

금정구
동래구
해운대구
기장군
철마면
남산동
구서동
구서1동
구서2동
장전1동
장전2동
장전3동
부곡동
부곡1동
부곡2동
부곡3동
서동
서1동
서2동
서3동
금사동
금사회동동
회동동
오륜동
선동
온천1동
온천2동
온천3동
명륜동
명장동
명장1동
명장2동
복천동
수안동
안락동
안락1동
사직동
사직3동
칠산동
낙민동
수민동
반여동
반여1동
반여4동
반송1동
석대동
회동저수지
동래베네스트
금정구청
동래구청
금강공원
동래온천
동래사적공원
충렬사
구서I.C
원동I.C
회동교차로
석대사거리
부곡사거리
온천장입구
미남교차로
명륜교차로
내성교차로
산성터널
윤산터널
부산외국어대학교
부산대학교
부산가톨릭대학교
금강식물원
부산치유의숲
명장공원
1:30,000

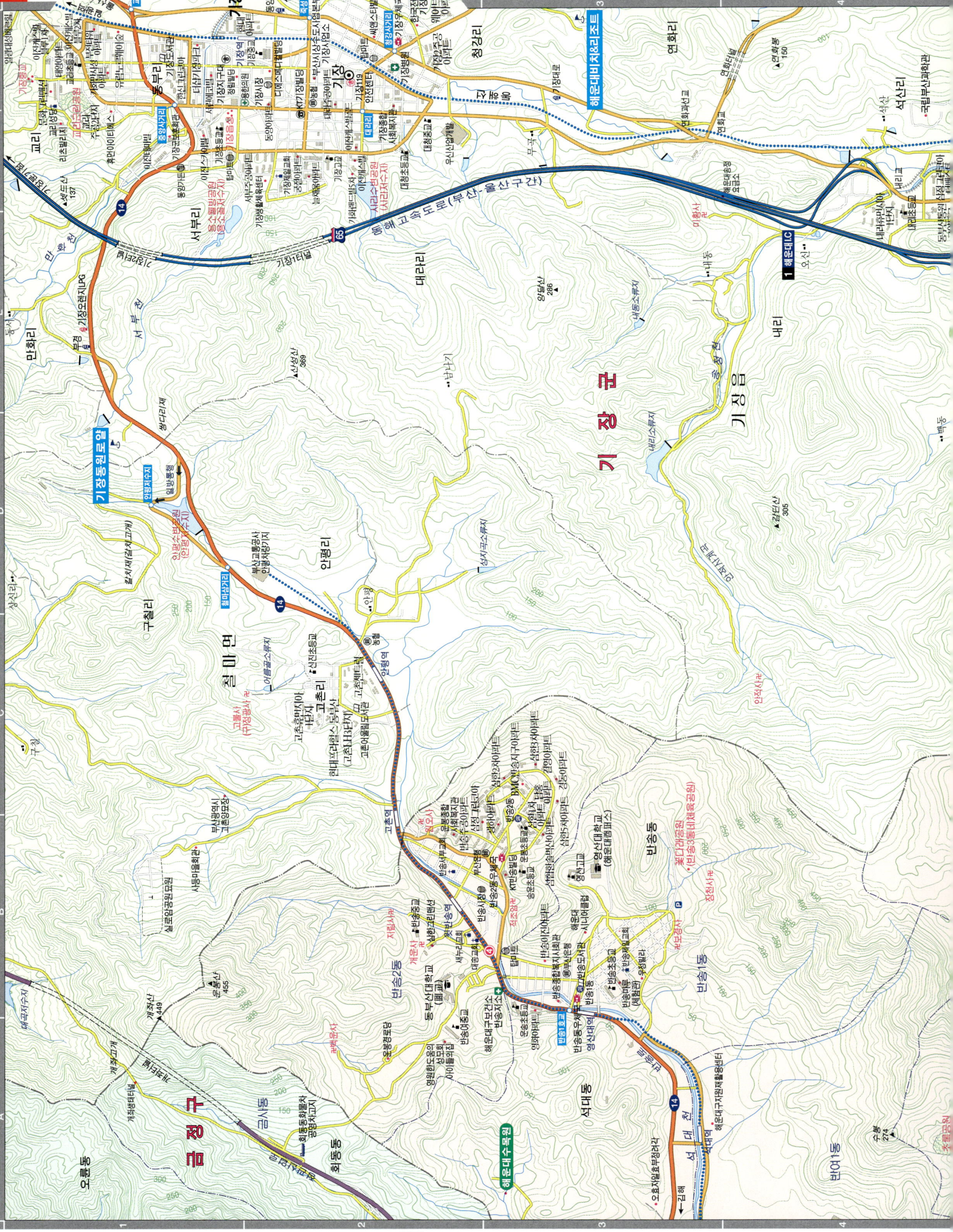

범례

특별·광역시·도계	읍·면계	고속철도	지하철	국도	고속화도로	(먹글자) 법정동명
시·군·구계	행정동계	철도	고속도로	지방도	기타도로	(청글자) 행정동명

특별·광역·도청	군청	면사무소	동주민센터	소방서	전화국
시청	읍사무소	구청	경찰서	우체국	학교
주차장	주유소	지시점			
골프장	LPG충전소	교차로명			

1:30,000 0 300 600m (1cm가 300m임)

39	39	39
39	90	91
88	89	95

A
B
C
D
1
2
3
4
5
6
39
칠산서부동
신포
이양지
김해은혜학교
이화교
이동
남포
화목동
죽동동
죽동2구
부산광역시
경상남도
죽림동
봉하마을회관
죽동교
가락동
가락초등교
가락파출소
오봉교
죽도왜성
신기마을회관
봉림동
가락동
69
가락제일중
(구)가락중교
부산소프트웨어마이스터고교
한국농어촌공사 봉림양배수장
봉림교
강동교
덕계
강동교회
덕도초등교(폐교)
덕포
덕도경로당
강동동
득천
은산컨테이너터미널
인터지스 웅동센터
웅천대교
안골동
북컨교차로
부산신항사랑으로부영(4단지)(5단지)
이지더원2단지
부산신항
배후부지
파이프앤튜브
부산진해경제자유구역청
삼화포라스틱
녹산국가산업단지
송정동
수도동
서컨테이너부두 (5선석 계획공사중)
웅동2동
북철송장역(화물)
신항배후지(북측)
부산신항만(주)
가덕대교
58
진해구
경상남도
부산광역시
토도
연도
연도동
개머리섬
입도
호남도
진해만
에이치엠엠피에스에이신항만(주) (HPNT)
신항배후지(남측)
남철송장역(화물)
항월선착장
눌차왜성
눌차초등교(폐교)
성불암
외눌선착장
천가교
눌차대교
눌차동
정거선착장
내눌
국수봉 138
정거말
탕수구미
선창마을회관
갈마봉
성북왜성
동리산
율리
성북동
구곡산 236
가덕도동 우편취급국
가덕도동
죽도
동선방조제
새바지
가덕도보건지소
덕문중교
성북소류지
천가초등교
덕문고교
생교동
강금봉 196
동선동
눌차교
고직말
장항
삼박봉 311
백옥포
신고지
동선소류지
소양무치개동산
갈소류지
동묘산
가덕기도원
강서구
가덕터널
웅주봉 339
응봉산 314
누릉령
천성치
국군용사충혼비
두문지구
두문선착장
영주사
가덕도동
매봉 339
천성저수지
가덕도
서중
에이고지
천성교회
천성진성
천성보건진료소
천성항
천성만
가덕요금소
어음포
연대봉 459
천성동
남해
오션블루가덕휴게소
천수말
성토봉 175
말박도 (미박도)
병산열도
가덕해저터널
해덕사
희망정(전망대)
새바지
거가대교
중죽도터널
58
대죽도
중죽도
대항전망대
대항항 일본군 포진지
대항보건진료소
대항항
아동도
새바지인공동굴(폐쇄·미개방)
천가초등교대항분교(폐교)
범여섬
달뱅이
대항동
공동묘지
외양포 일본군 포진지
외양포항
국수봉 269
아동도
동두말
가덕도등대
1;50,000
0
1km
입소마을회
용화
율리교
평강천
강동동
평강천교
평위도
수봉도
삼광초등교(폐교)
부산에코델타시티(조성중)
전양
에코델타시티전망대
신노전
에코델타시티 스마트빌리지
명지동
명지동
순아도

범례

특별·광역시·도계	읍·면계	고속철도	지하철	국도	고속화도로	(먹글자) 법정동명
시·군·구계	행정동계	철도	고속도로	지방도	기타도로	(청글자) 행정동명

□ 특별·광역·도청 ◎ 군청 ▣ 면사무소 ◉ 동주민센터 ⊛ 소방서 ☎ 전화국 P 주차장 ⛽ 주유소 •• 지시점

◎ 시청 ⊙ 읍사무소 ◎ 구청 ⊛ 경찰서 ✉ 우체국 학교 골프장 LPG충전소 교차로명

1:30,000 0 300 600m (1cm가 300m임)

39	86	87	88
39	92	93	94
39	96	97	98

94

88
서구·동구일부
93

범례
특별·광역시·도계
시·군·구계
읍·면계
행정동계
고속철도
철도
지하철
고속도로
국도
지방도
고속화도로
기타도로
(먹글자) 법정동명
(청글자) 행정동명

연제구
동래구
수영구
남구
해운대구
부산광역시청
연제구청
남구청
수영구청
해운대구청 (신청사예정지)
동래구청(임시)
황령산 428
금련산 415
배산 256
수영만
광안리해수욕장
광안대교(유료)
황령터널
번영로
거제1동
거제2동
거제3동
거제4동
연산1동
연산2동
연산3동
연산4동
연산5동
연산6동
연산8동
연산9동
양정1동
양정2동
전포2동
문현1동
문현2동
문현3동
문현4동
대연1동
대연3동
대연4동
대연5동
대연6동
우암동
감만2동
용호1동
용호3동
용호동
남천1동
남천2동
광안1동
광안2동
광안3동
광안4동
민락동
수영동
망미1동
망미2동
안락동
반여1동
반여2동
재송1동
재송2동
원동 I.C
91

92

39

범례
특별·광역시·도계
시·군·구계
읍·면계
행정동계
고속철도
철도
지하철
고속도로
국도
지방도
고속화도로
기타도로
(먹글자) 법정동명
(청글자) 행정동명

98

▣ 특별·광역·도청 ◎ 군청 ◉ 면사무소 ◉ 동주민센터 ⊕ 소방서 ☎ 전화국 P 주차장
◎ 시청 ◉ 읍사무소 ◉ 구청 ⊕ 경찰서 ✉ 우체국 ✦ 학교 ⛳ 골프장

동구 · 중구일부

구덕산
545
서대신4동
당리동
서대신동3가
서대신3동
동대신동3가
동대신3동
동대신2동
동대신1동
동대신역
서대신역
동대신사거리
구덕운동장
중앙공원
동구
초량6동
초량2동
초량3동
초량1동
부산역
부산역(KTX·SRT)
북항재개발구역 (조성중)
3부두
4부두
5부두
허치슨포트부산
영주사거리
영주2동
영주1동
중구
민주공원
중구청
부산오페라하우스 (2026년예정)
부산항
중앙동
괴정동
괴정2동
괴정3동
괴정1동
괴정4동
괴정역
사하구
서구
서구청
아미동
부민동
보수동
보수사거리
부평동
부평교차로
토성동
토성역
용두산공원
남포동
광복동
자갈치역
충무동
충무교차로
초장동
남부민1동
남부민2동
남부민동
대청동
암남동
송도해수욕장
거북섬
송도해상케이블카
진정산공원
진정산
145
용궁구름다리
암남공원
두도전망대
두도
감천만
감천1동
감천2동
감천동
감천사거리
감천삼거리
구평동
두송반도
남항대교
영도대교
대교동
대평동
남항동
영선동
영선1동
영선2동
신선동
봉래동
봉래1동
봉래2동
청학1동
청학2동
청학동
영도구
영도
봉래산
395
절영해안산책로
75광장
남해
국도
지방도
고속화도로
기타도로
(먹글자) 법정동명
(청글자) 행정동명

회 특별·광역·도청 ◎ 시청 ◎ 군청 ⊙ 읍사무소 면사무소 구청 동주민센터 경찰서 소방서 우체국 전화국 학교 주차장 골프장 주유소 LPG충전소 지시점 교차로명

1:30,000 0 300 600m (1cm가 300m임)

93	94	95
97	98	99

26

31

범례

특별·광역시·도계 | 시·군·구계 | 읍·면계 | 행정동계 | 고속철도 | 철도 | 지하철 | 국도 | 고속도로 | 지방도 | 고속화도로 | 기타도로 | (먹글자) 법정동명 | (청글자) 행정동명

▣ 특별·광역·도청　◎ 군청　◉ 면사무소　◉ 동주민센터　소방서　전화국　P 주차장　주유소　•• 지시점
◎ 시청　◎ 읍사무소　◉ 구청　경찰서　우체국　학교　골프장　LPG충전소　교차로명

1:65,000　0　650　1300m　(1cm가 650m임)

25	26	26	27
31	100	101	32
31	32	32	32

범례

특별·광역시·도계	읍·면계	고속철도	지하철	국도	고속화도로	(먹글자) 법정동명
시·군·구계	행정동계	철도	고속도로	지방도	기타도로	(청글자) 행정동명

특별·광역·도청	군청	면사무소	동주민센터
시청	읍사무소	구청	경찰서
소방서	전화국	주차장	주유소
우체국	학교	골프장	LPG충전소
지시점	교차로명		

1:30,000 (1cm가 300m임)

25	26	26	26
100	102	103	101
100	104	105	106

102

100

범례
특별·광역시·도계
시·군·구계
읍·면계
행정동계
고속철도
철도
지하철
고속도로
국도
지방도
고속국도
기타도로

동주민센터 · 소방서 · 전화국 · 주차장 · 주유소 · 지시점
경찰서 · 우체국 · 학교 · 골프장 · LPG충전소 · 교차로명

1:30,000 0 300 600m (1cm가 300m임)

101

105

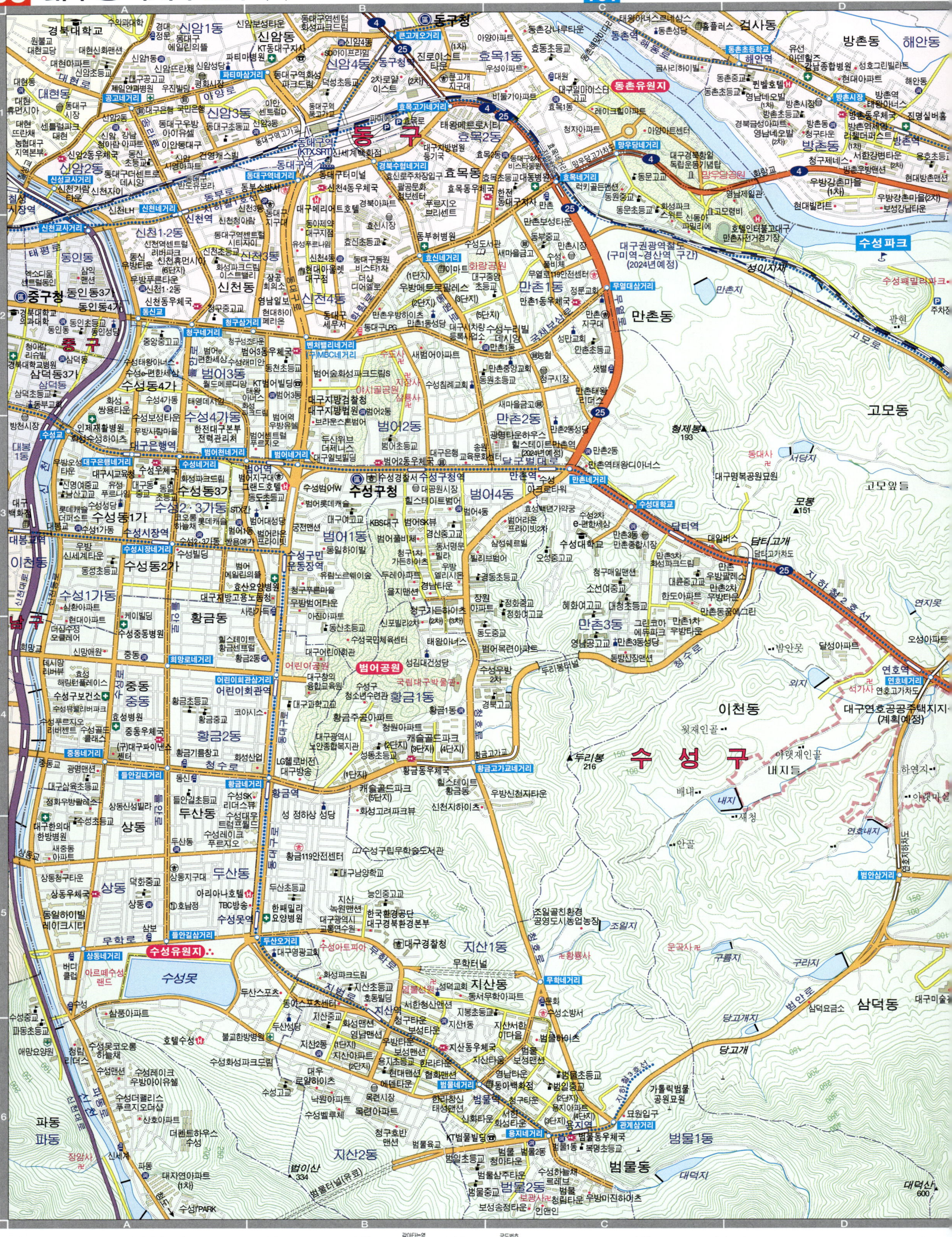

범례
특별·광역시·도계
시·군·구계
읍·면계
행정동계
고속철도
철도
지하철
고속도로
국도
지방도
고속화도로
기타도로
(먹글자) 법정동명
(청글자) 행정동명

◻ 특별·광역·도청	◎ 군청	면사무소	동주민센터	소방서	전화국	주차장	주유소	지시점
◎ 시청	⊙ 읍사무소	구청	경찰서	우체국	학교	골프장	LPG충전소	교차로명

1:30,000 (1cm가 300m임) 0 300 600m

103	101	101	32
105	106	107	32
31	32	32	32

35

범례
특별·광역시·도계 / 읍·면계 / 고속철도 / 지하철 / 국도 / 고속화도로 / (먹글자) 법정동명
시·군·구계 / 행정동계 / 철도 / 고속도로 / 지방도 / 기타도로 / (청글자) 행정동명

동주민센터 소방서 전화국 주차장 주유소 지시점
경찰서 우체국 학교 골프장 LPG충전소 교차로명

1:50,000 (1cm가 500m임)

35	35	35	36
35	108	109	36
35	35	35	36

112

108

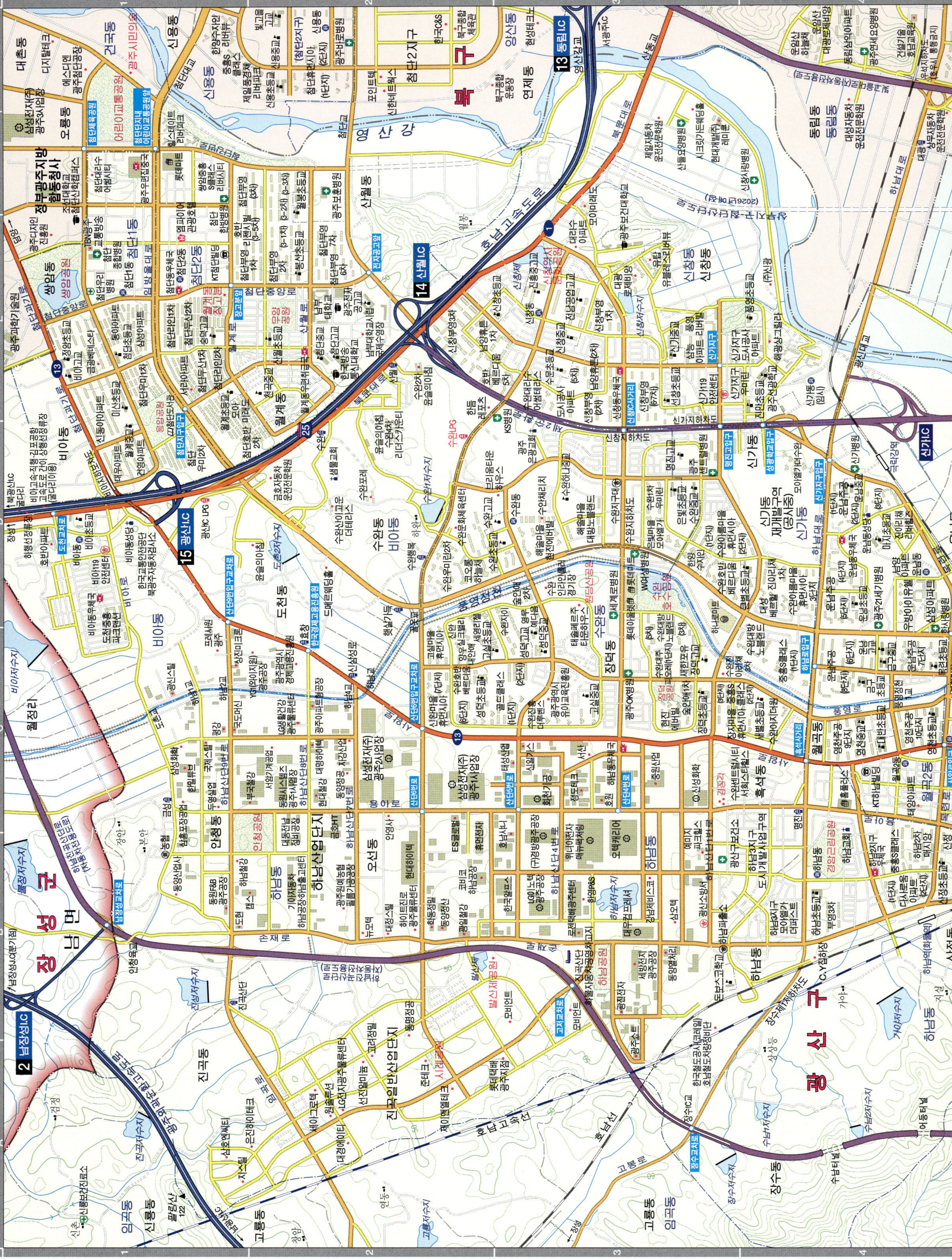

범례

특별·광역시·도계	읍·면계	고속철도	지하철	국도 (56)	고속화도로
시·군·구계	행정동계	철도	고속도로 (16)	지방도 (575)	기타도로

(먹글자) 법정동명
(청글자) 행정동명

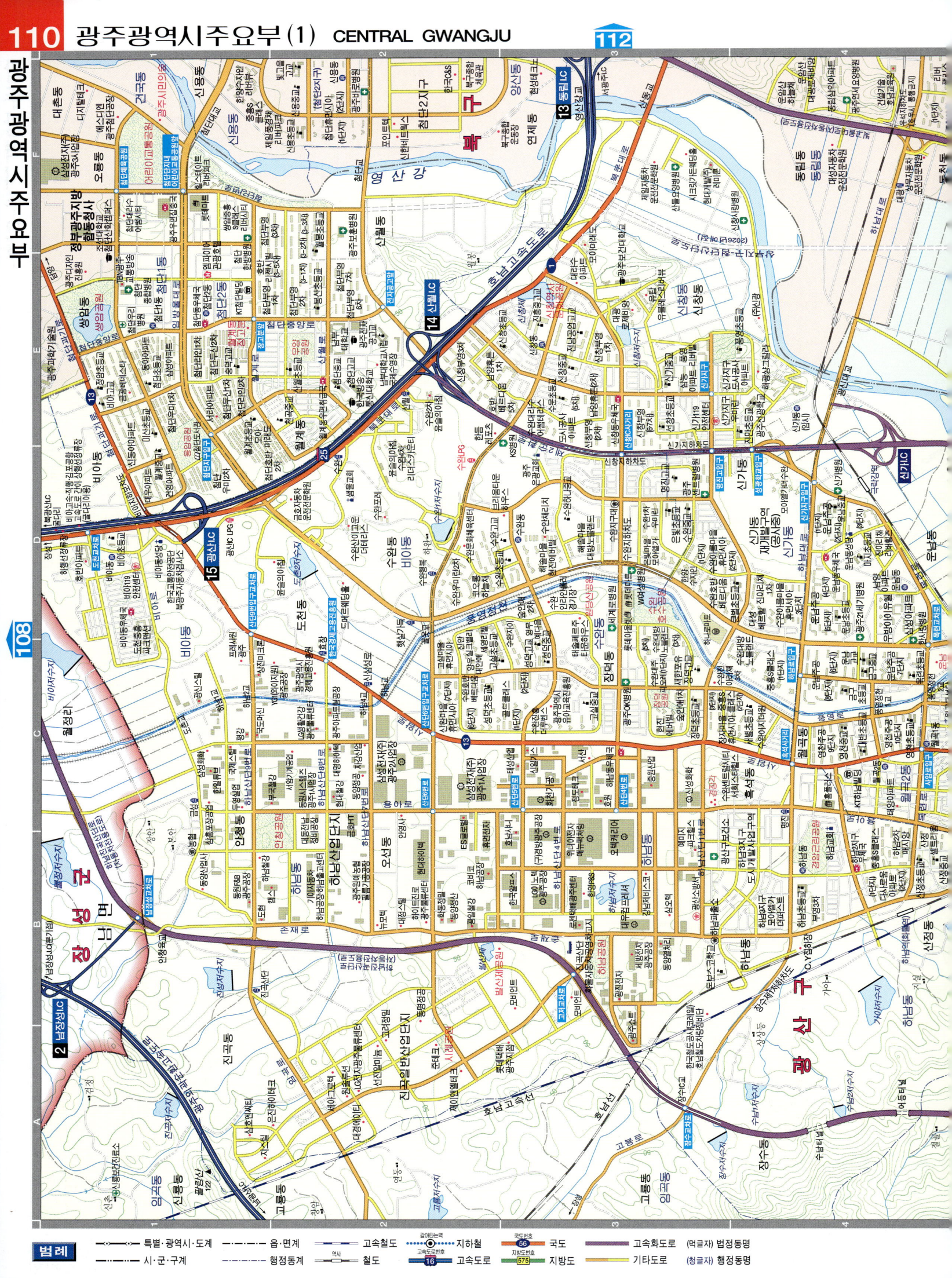

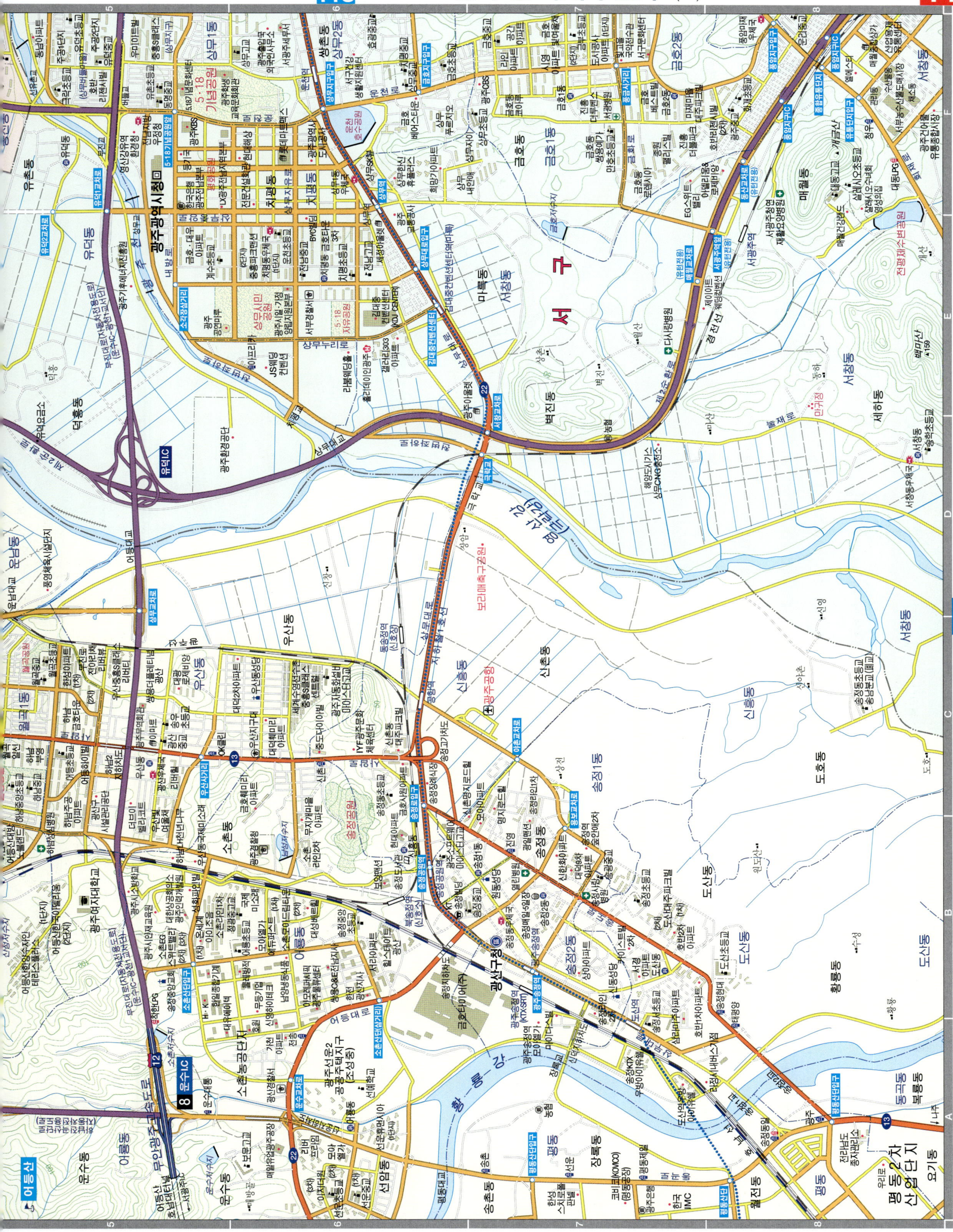

◻ 특별·광역·도청	◎ 군청	면사무소	동주민센터	소방서	전화국	주차장
◎ 시청	⊙ 읍사무소	구청	경찰서	우체국	학교	골프장

주유소	•• 지시점	
LPG충전소	송산역앞 교차로명	

1:30,000 (0 300 600m) (1cm가 300m임)

105	112	113	105
108	110	111	108
35	35	35	35

109

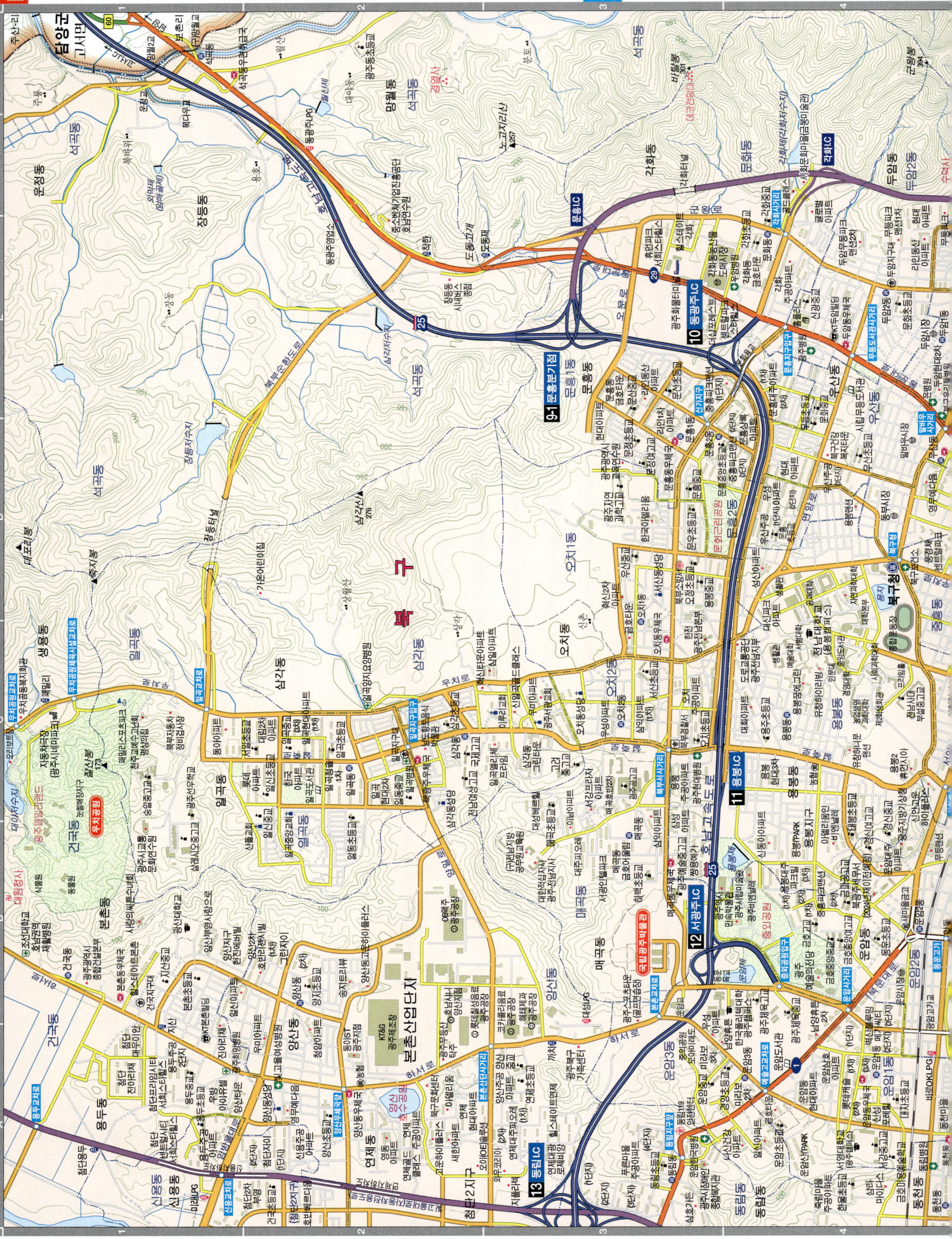

범례

- 특별·광역시·도계
- 시·군·구계
- 읍·면계
- 행정동계
- 고속철도
- 철도
- 지하철
- 고속도로
- 국도
- 지방도
- 고속화도로
- 기타도로
- (먹글자) 법정동명
- (청글자) 행정동명

특별·광역·도청 · 시청 · 군청 · 읍사무소 · 면사무소 · 구청 · 동주민센터 · 경찰서 · 소방서 · 우체국 · 전화국 · 학교 · 주차장 · 골프장 · 주유소 · LPG충전소 · 지시점 · 교차로명

1:30,000 (1cm가 300m임)

109	109	109	109
109	112	113	109
35	110	111	35

범례
- 특별·광역시·도계
- 시·군·구계
- 읍·면계
- 행정동계
- 고속철도
- 철도
- 지하철
- 고속도로
- 국도
- 지방도
- 고속화도로
- 기타도로
- (먹글자) 법정동명
- (청글자) 행정동명

24

특별·광역·도청 · 군청 · 면사무소 · 동주민센터 · 소방서 · 전화국 · 주차장 · 주유소 · 지시점
시청 · 읍사무소 · 구청 · 경찰서 · 우체국 · 학교 · 골프장 · LPG충전소 · 교차로명

1:60,000 0 600 1200m (1cm가 600m임)

23	23	24	24
23	114	115	24
23	23	24	24

118

23

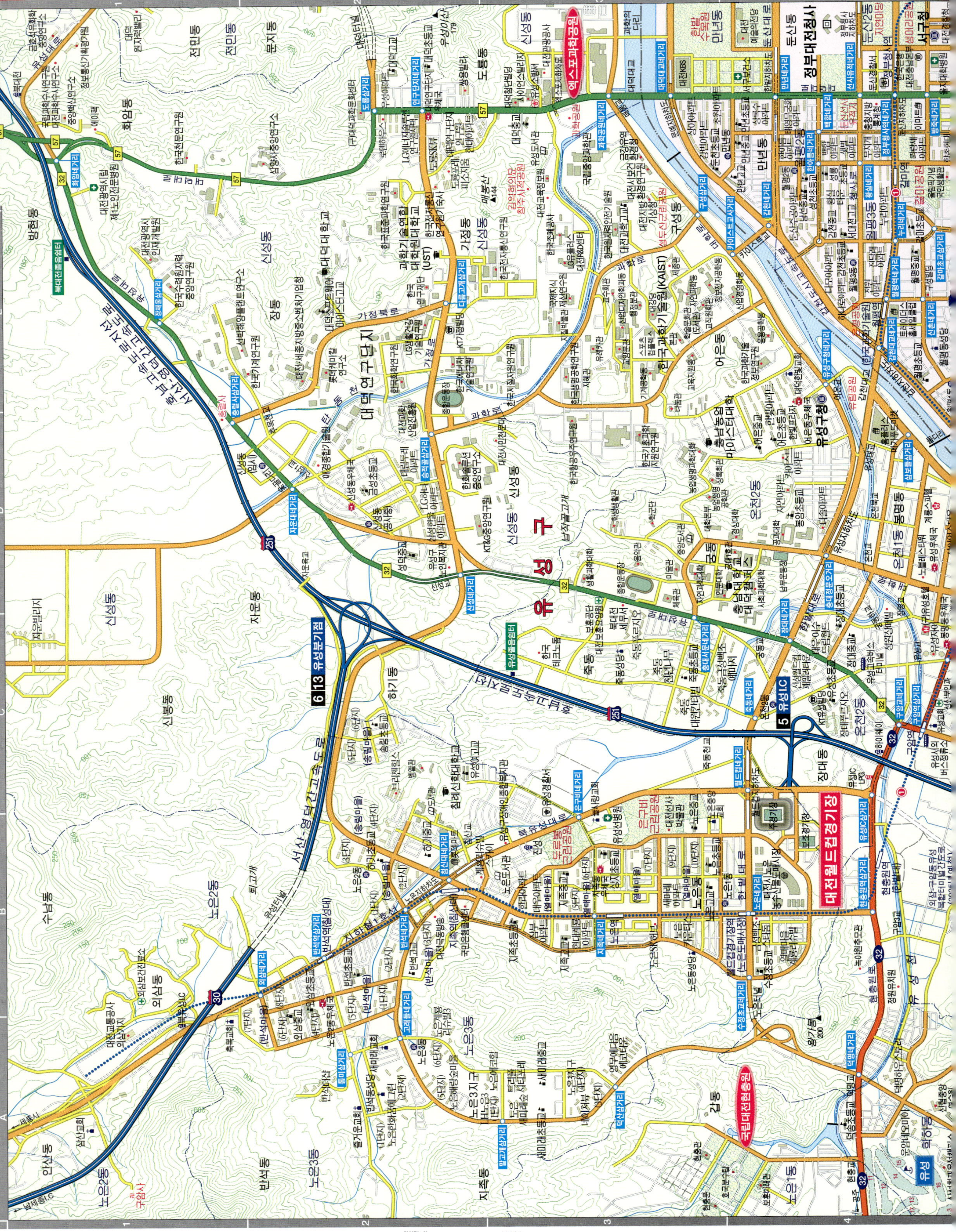

범례
특별·광역시·도계
시·군·구계
읍·면계
행정동계
고속철도
철도
지하철
고속도로
국도
지방도
고속화도로
기타도로
(먹글자) 법정동명
(청글자) 행정동명

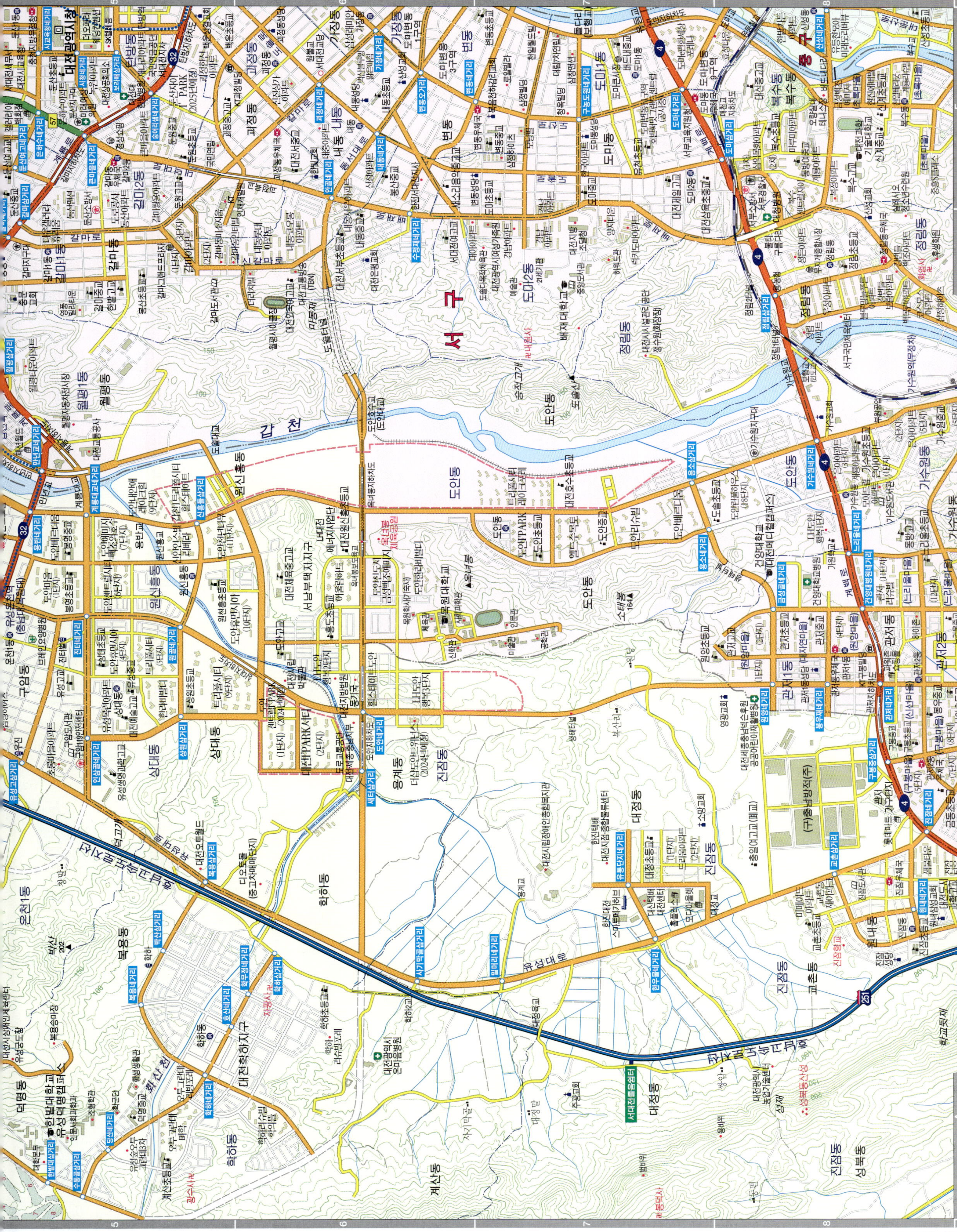

24	118	119	24
23	116	117	23
23	23	23	23

특별·광역·도청 | 시청 | 군청 | 읍사무소 | 면사무소 | 구청 | 동주민센터 | 경찰서 | 소방서 | 우체국 | 전화국 | 학교 | 주차장 | 골프장 | 주유소 | LPG충전소 | 지시점 | 교차로명

1:30,000 0 300 600m (1cm가 300m임)

24

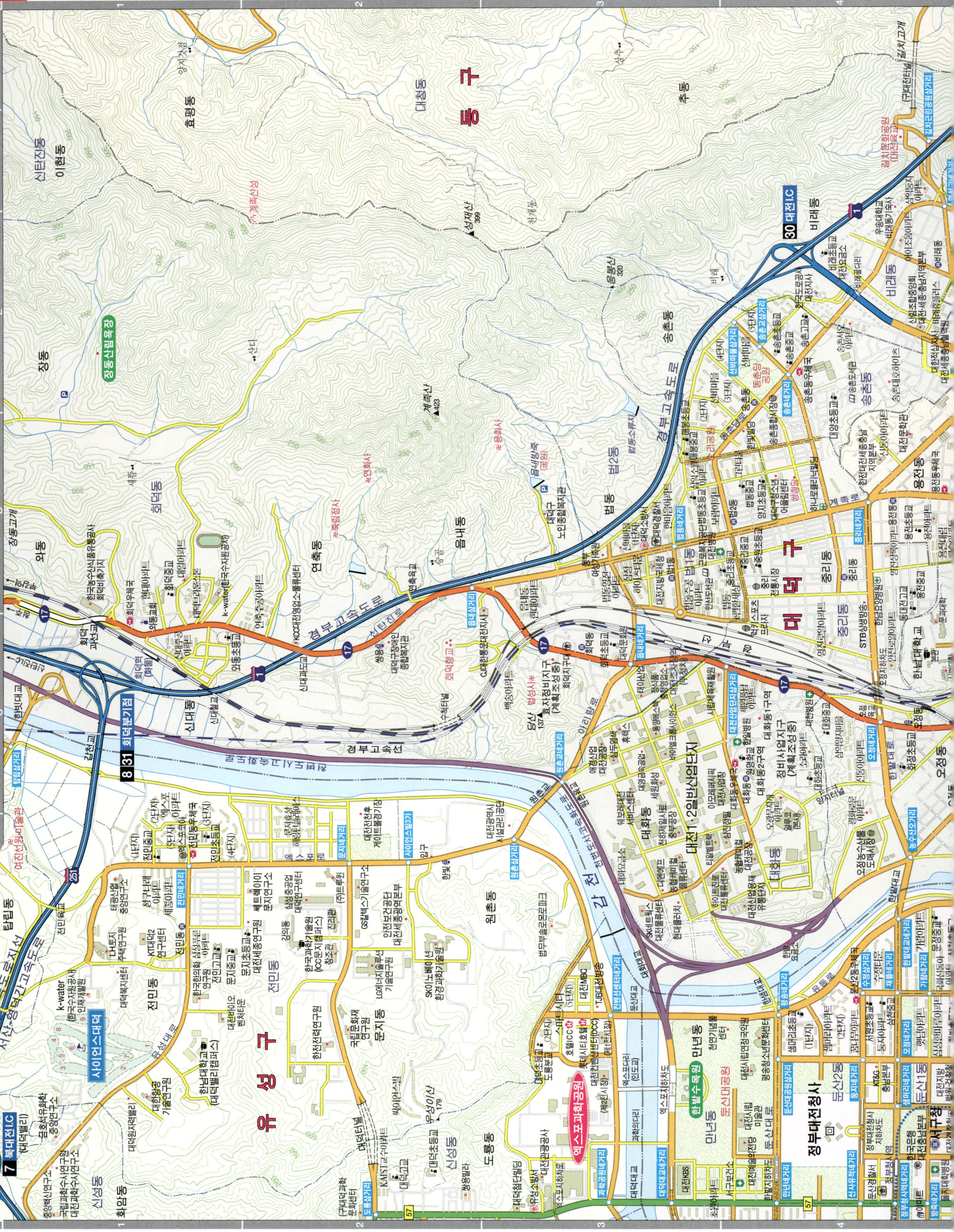

24

범례
특별·광역시·도계
시·군·구계
읍·면계
행정동계
고속철도
철도
지하철
고속도로
국도
지방도
고속화도로
기타도로
(먹글자) 법정동명
(청글자) 행정동명

특별·광역·도청	군청	면사무소	동주민센터
시청	읍사무소	구청	경찰서
소방서	전화국	주차장	주유소
우체국	학교	골프장	LPG충전소
지시점	교차로명		

1:30,000 (1cm가 300m임)

0 300 600m

24	24	24
24	118 119	24
23	116 117	23

33

범례

- 특별·광역시·도계
- 시·군·구계
- 읍·면계
- 행정동계
- 고속철도
- 철도
- 지하철
- 고속도로
- 국도
- 지방도
- 고속화도로
- 기타도로
- (먹글자) 법정동명
- (청글자) 행정동명

전화국　주차장　주유소　지시점
학교　골프장　LPG충전소　교차로명

1:50,000　0　500　1000m　(1cm가 500m임)

33	33	33
33	120	121
33	33	33

범례
특별·광역시·도계
시·군·구계
읍·면계
행정동계
고속철도
철도
역사
지하철
갈아타는역
고속도로
고속도로번호
국도
국도번호
지방도
지방도번호
고속화도로
기타도로
(먹글자) 법정동명
(청글자) 행정동명

울산광역시주요부
울산공항
송정동
화봉동
장현동
병영2동
효문운동장
북구청
연암동
서동
약사동
복산동
중구청
병영1동
동동
진장동
효문동
북구
효문산업단지
(효문공단)
남외동
울산종합운동장
명촌동
양정동
반구2동
학성동
학성공원
반구1동
옥교동
학산동
현대자동차(주)
3공장
현대자동차(주)
2공장
강북로
태화강
명촌교
명촌철교
신정5동
남구청
삼산동
도로주행시험장
달동
여천동
현대자동차(주)
1공장
현대자동차(주)
4공장
염포동
야음동
야음공공지원
주택공급지구
(계획구역정)
신정4동
대현동
여천천
롯데정밀화학(주)
울산만
여천동
야음장생포동
매암동
수암동
신선산
선암동
선암저수지
선암호수공원
울산대교
동해선
울산항선
31
121

18

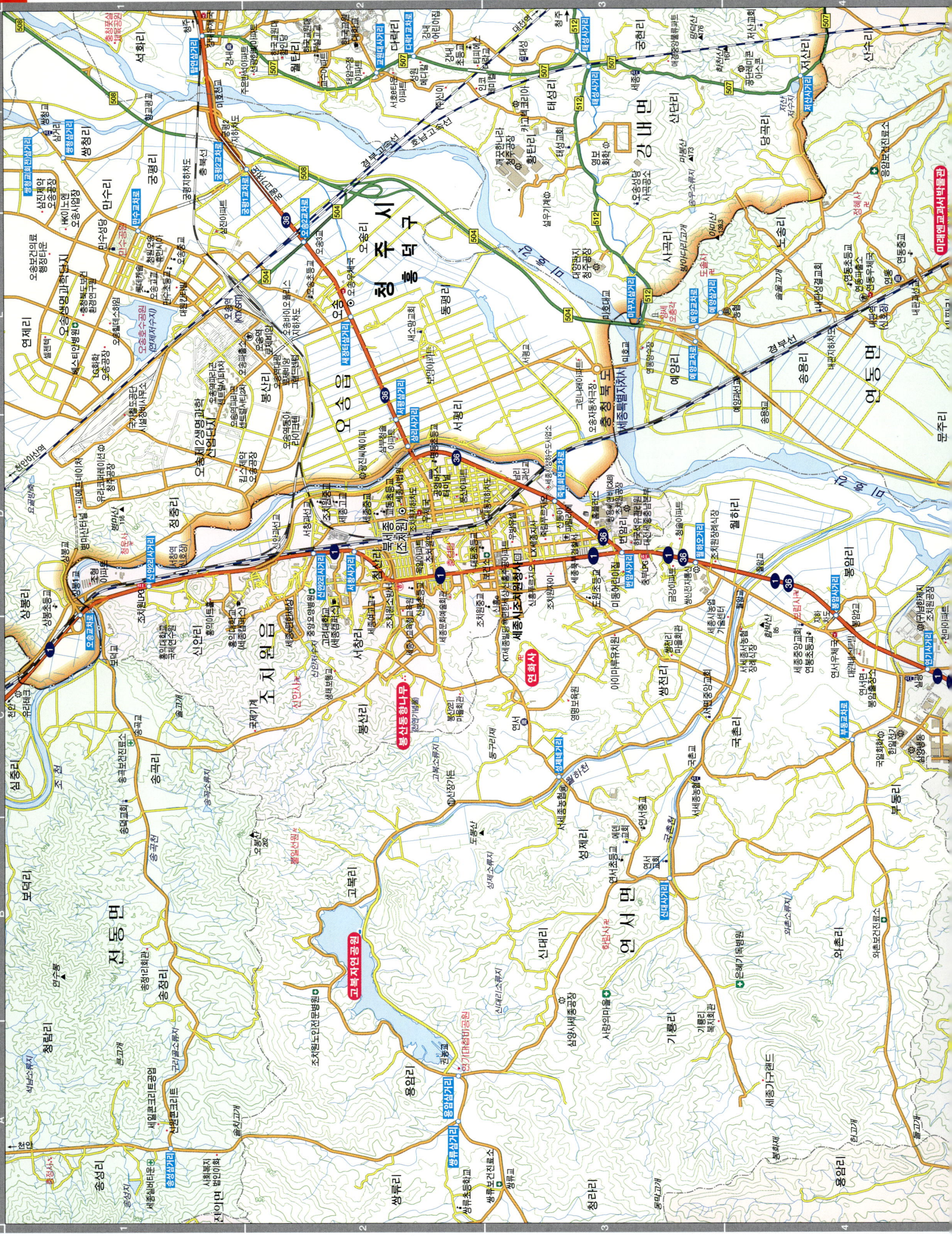

18

범례

- 특별·광역시·도계
- 시·군·구계
- 읍·면계
- 행정동계
- 고속철도
- 철도 (역사)
- 지하철 (갈아타는역)
- 고속도로 (고속도로번호)
- 국도 (국도번호)
- 지방도 (지방도번호)
- 고속화도로
- 기타도로
- (먹글자) 법정동명
- (청글자) 행정동명

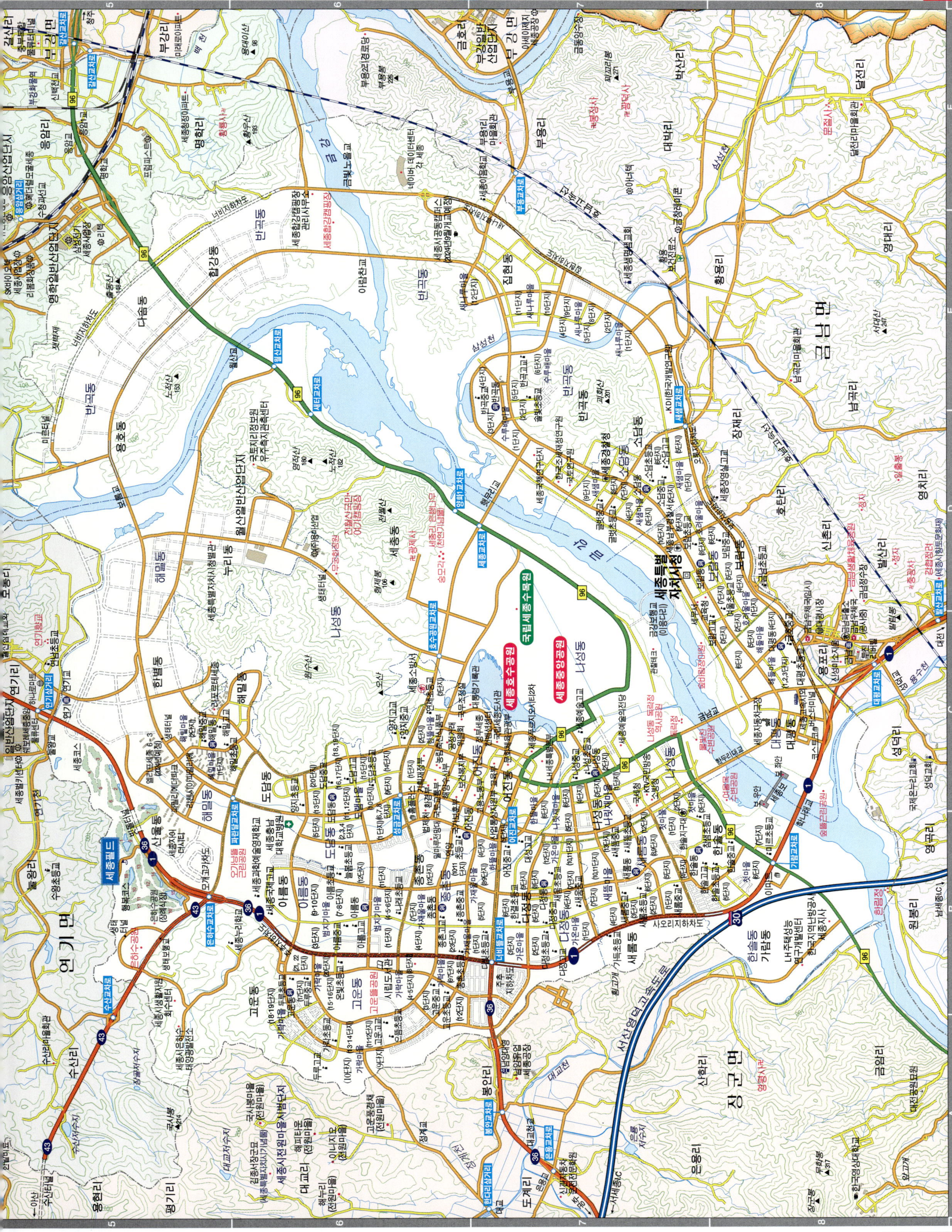

회 특별·광역·도청 ◎ 군청 면사무소 동주민센터 소방서 전화국 P 주차장 주유소 •• 지시점
◎ 시청 ⊙ 읍사무소 구청 경찰서 우체국 학교 골프장 LPG충전소 교차로명

1:50,000 0 500 1000m (1cm가 500m임)

범례
특별·광역시·도계
시·군·구계
읍·면계
행정동계
고속철도
철도
지하철
고속도로
국도
지방도
고속화도로
기타도로

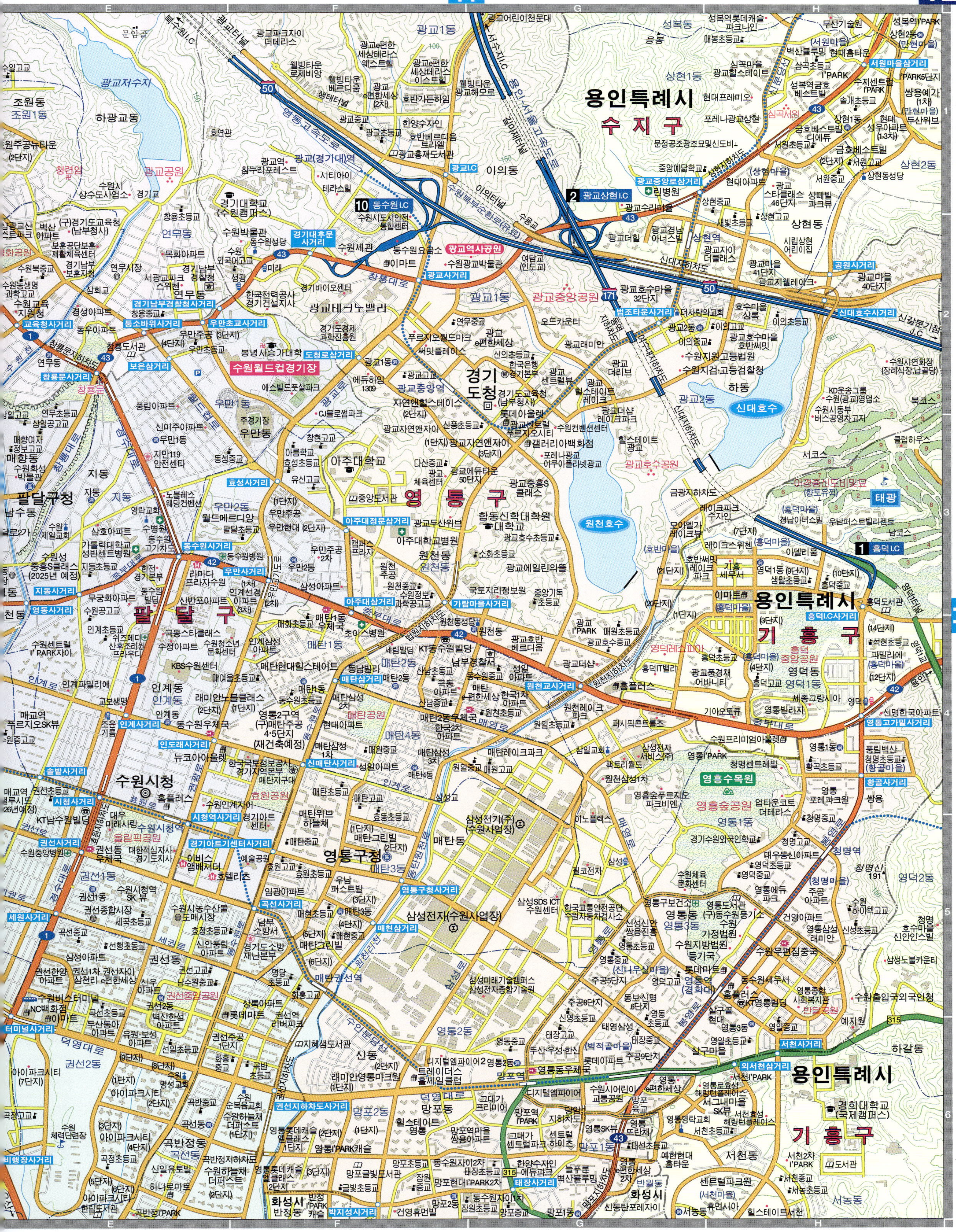

(먹글자) 법정동명 ◻ 특별·광역·도청 ◎ 군청 ◎ 면사무소 ◎ 동주민센터 ◎ 소방서 ◎ 전화국 ◎ 호텔 ◎ 대학교 P 주차장 ◎ 주유소 •• 지시점
(청글자) 행정동명 ◎ 시청 ◎ 읍사무소 ◎ 구청 ◎ 경찰서 ◎ 우체국 ✚ 병원 ◎ 백화점 ◎ 초.중.고교 ◎ 골프장 ◎ LPG충전소 교차로명

범례

- 특별·광역시·도계
- 시·군·구계
- 읍·면계
- 행정동계
- 고속철도
- 철도
- 지하철
- 고속도로
- 국도
- 지방도
- 고속화도로
- 기타도로

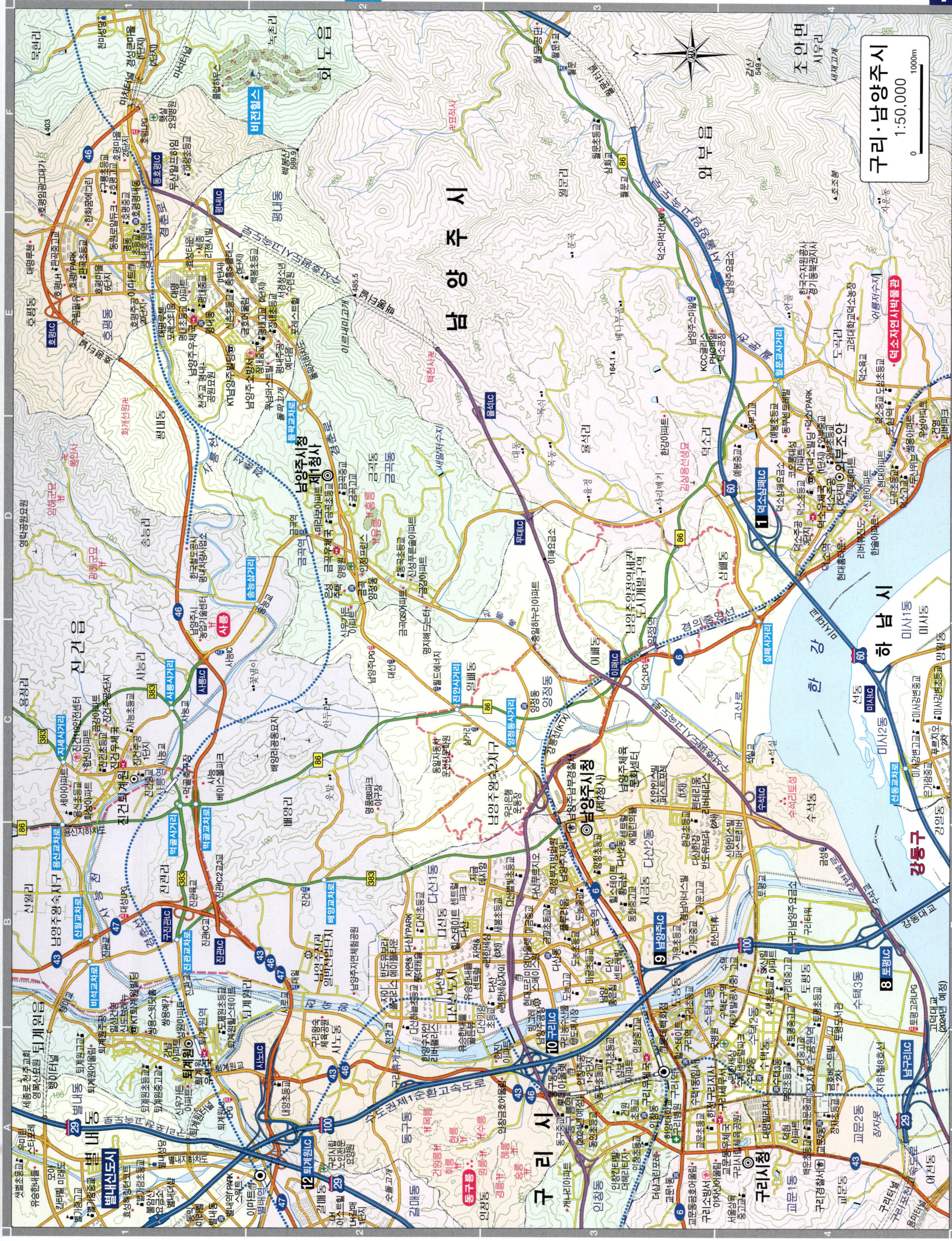

(먹글자) 법정동명 · 특별·광역·도청 · 군청 · 면사무소 · 동주민센터 · 소방서 · 전화국 · 호텔 · 대학교 · 주차장 · 주유소 · 지시점
(청글자) 행정동명 · 시청 · 읍사무소 · 구청 · 경찰서 · 우체국 · 병원 · 백화점 · 초.중.고교 · 골프장 · LPG충전소 · 용산역앞 교차로명

고양특례시주요부

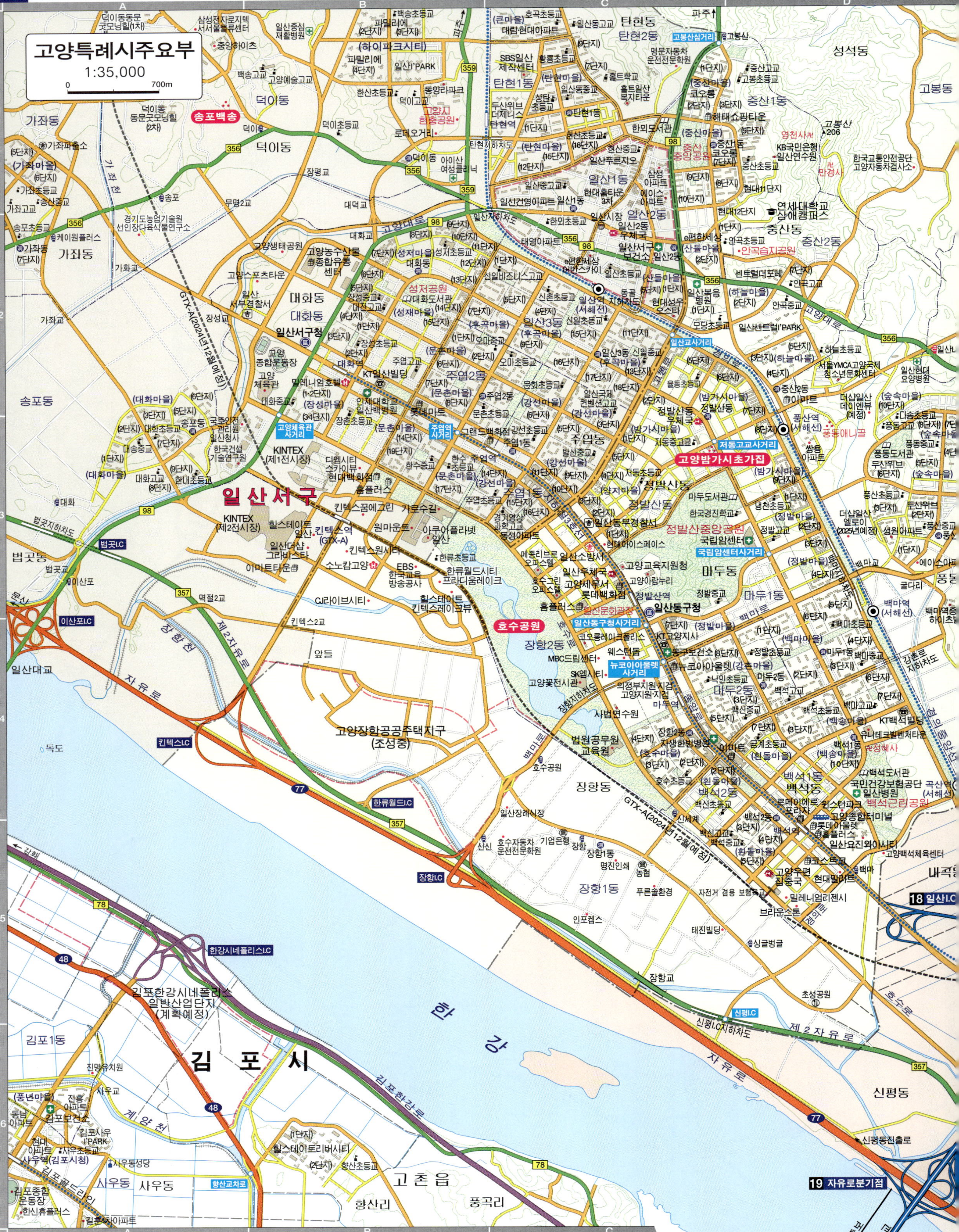

범례
특별·광역시·도계
시·군·구계
읍·면계
행정동계
고속철도
철도
지하철
고속도로
국도
지방도
고속화도로
기타도로

문봉동
고봉동
일산푸른솔추모공원
사리현동
관산동
대자동
관산동
식사(삼일)공단
일산동구
식사동
고려공양왕릉
원당동
원신동
신원동
뉴코리아
서울한양
서삼릉
주교동
고양시청
성사1동
성사동
원흥동
삼송동
삼송1동
한양파인
고양분기점
고양I.C
사리현I.C
통일로I.C
풍산동
산황동
대장동
덕양구
화정1동
덕양구청
화정동
고양휴게소
원흥지구
흥도동
화정2동
토당동
능곡뉴타운 (예정지)
능곡동
행신1동
행신3동
행신동
행신2동
행신4동
도내동
흥도I.C
용두동
동산동
창릉동
고양창릉지구(예정지)
화전동
행주내동
대곡역
능곡역
행신역(KTX)
GTX-A(2024년12월예정)
교외선 (2024년재개통예정)
수도권제1순환고속도로
서울문산고속도로
고양대로
통일로
일산스프링힐스
주차장
주유소
지시점
골프장
LPG충전소
교차로명

안양·과천·의왕시
1:30,000
0
600m
금천구
관악구
광명시
안양시
동안구
만안구
군포시
서울특별시
경기도
광명역세권 택지개발지구 (조성중)
관악산산림욕장
수리산도립공원
병목안시민공원
서울대학교관악수목원
안양예술공원
종합운동장
삼성산
관모봉
수리산 (태을봉)
삼막사
안양사
15 삼막I.C
14 석수I.C
30 산본I.C
제2경인고속도로(안양-성남구간)
수도권제1순환고속도로
삼성산터널
수리터널
호암터널
안양역
평촌역
범계역
금정역
명학역
석수역
관악역
안양대학교
성결대학교
대림대학교
경인교육대학교 (경기캠퍼스)
만안구청
동안구청
안양시청
11

범례
특별·광역시·도계
시·군·구계
읍·면계
행정동계
고속철도
철도

(먹글자) 법정동명 | 특별·광역·도청 | 군청 | 면사무소 | 동주민센터 | 소방서 | 전화국 | 호텔 | 대학교 | 주차장 | 주유소 | 지시점
(청글자) 행정동명 | 시청 | 읍사무소 | 구청 | 경찰서 | 우체국 | 병원 | 백화점 | 초·중·고교 | 골프장 | LPG충전소 | 교차로명

11

범례
특별·광역시·도계
시·군·구계
읍·면계
행정동계
고속철도
철도
지하철
고속도로
국도
지방도
고속화도로
기타도로

(먹글자) 법정동명 · 특별·광역·도청 · 군청 · 면사무소 · 동주민센터 · 소방서 · 전화국 · 호텔 · 대학교 · 주차장 · 주유소 · 지시점

(청글자) 행정동명 · 시청 · 읍사무소 · 구청 · 경찰서 · 우체국 · 병원 · 백화점 · 초.중.고교 · 골프장 · LPG충전소 · 교차로명

범례
특별·광역시·도계
시·군·구계
읍·면계
행정동계
고속철도
철도
지하철
고속도로
국도
지방도
고속화도로
기타도로

(먹글자) 법정동명 · 특별·광역·도청 · 군청 · 면사무소 · 동주민센터 · 소방서 · 전화국 · 호텔 · 대학교 · 주차장 · 주유소 · 지시점
(청글자) 행정동명 · 시청 · 읍사무소 · 구청 · 경찰서 · 우체국 · 병원 · 백화점 · 초.중.고교 · 골프장 · LPG충전소 · 교차로명

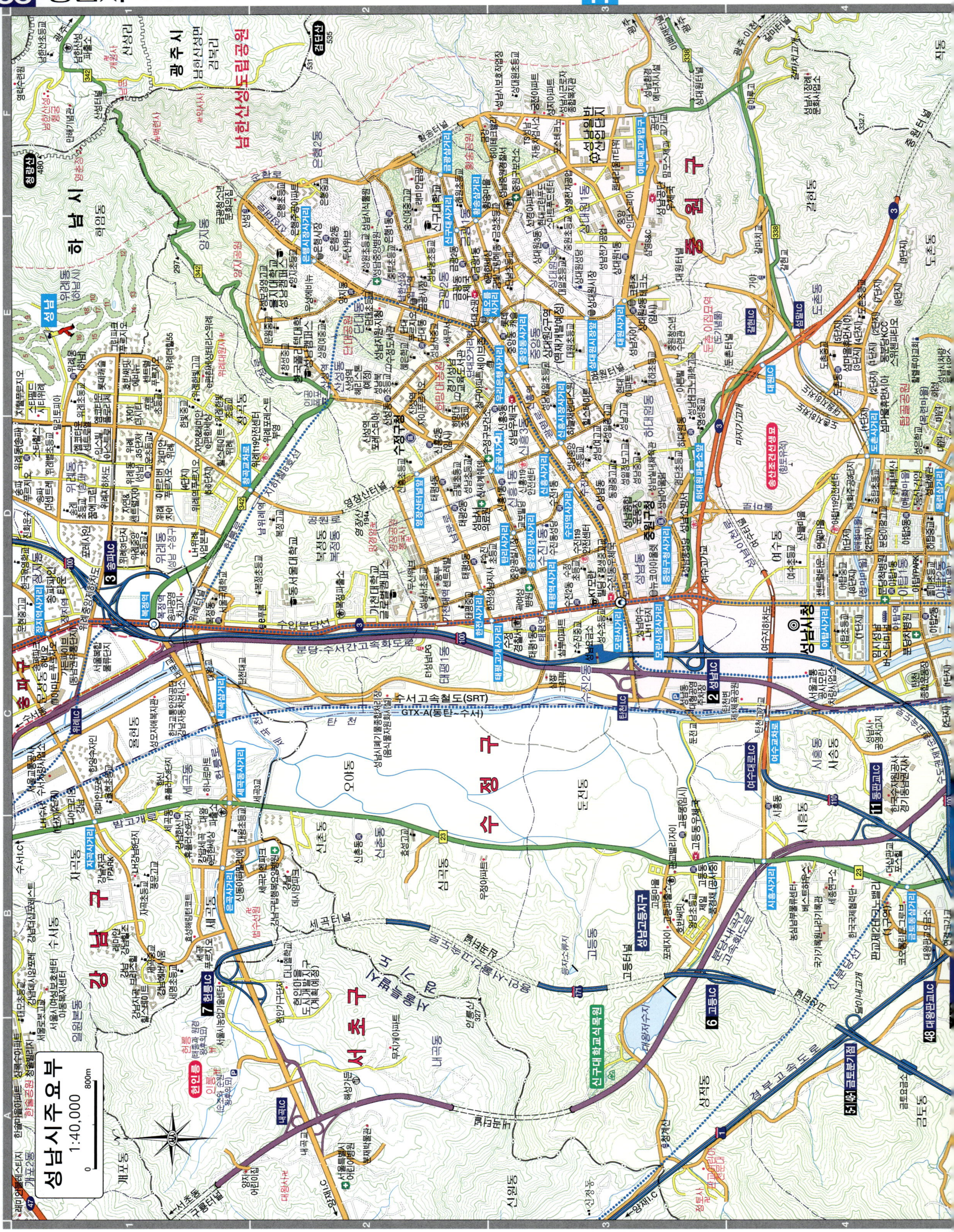

범례
특별·광역시·도계
읍·면계
고속철도
지하철
국도
고속화도로
시·군·구계
행정동계
철도
고속도로
지방도
기타도로

11

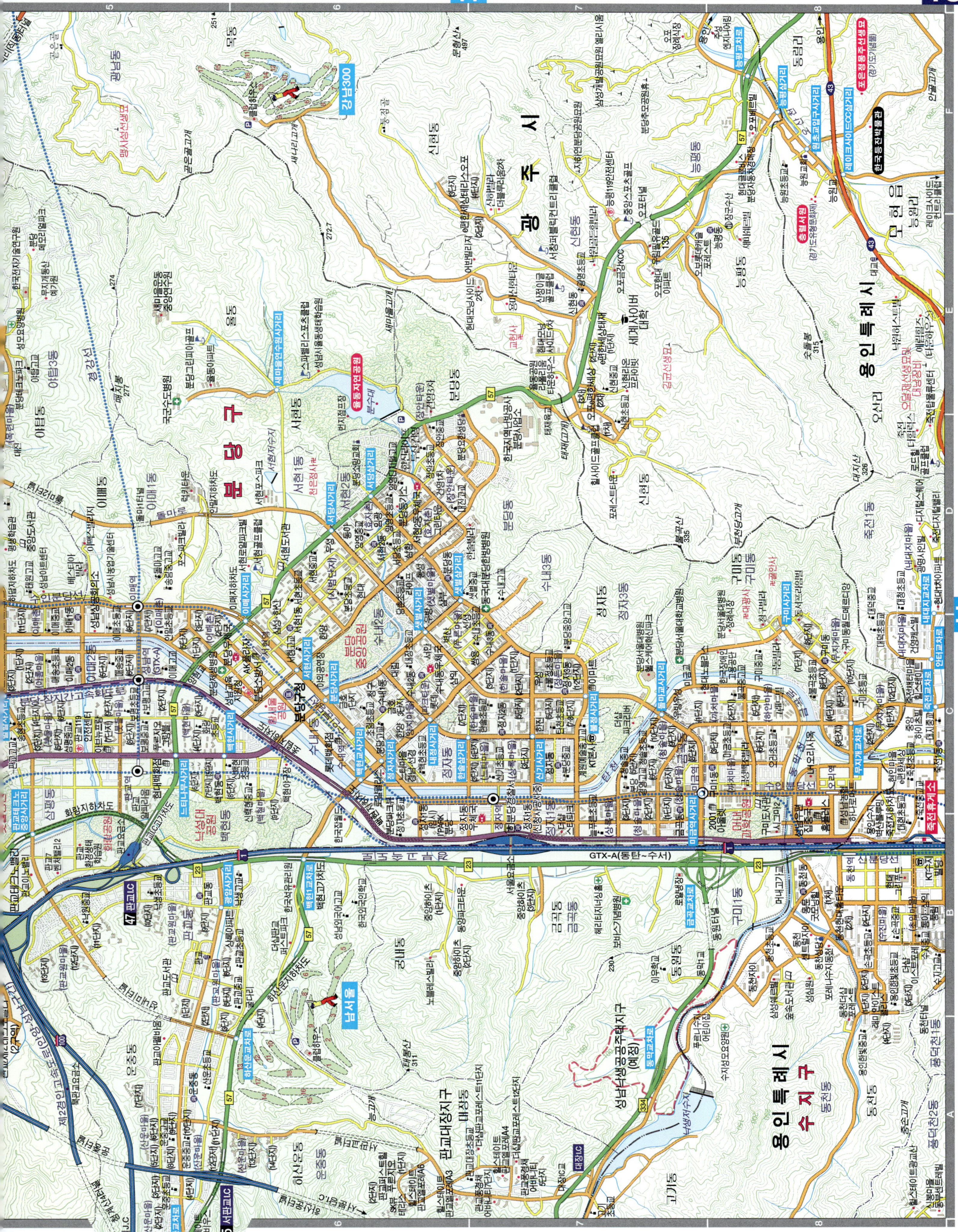

11

특별·광역·도청	군청	면사무소	동주민센터	소방서	전화국	호텔	대학교	주차장	주유소
시청	읍사무소	구청	경찰서	우체국	병원	백화점	초.중.고교	골프장	LPG충전소

지시점 · 교차로명

범례
특별·광역시·도계 | 읍·면계 | 고속철도 | 지하철 | 국도 | 고속화도로
시·군·구계 | 행정동계 | 철도 | 고속도로 | 지방도 | 기타도로

(먹글자) 법정동명 | ▣ 특별·광역·도청 | 대학교 | 주차장 | 주유소 | 지시점
(청글자) 행정동명 | ◎ 시청 | 초·중·고교 | 골프장 | LPG충전소 | 교차로명

범례

특별·광역시·도계
시·군·구계
읍·면계
행정동계
고속철도
철도
지하철
고속도로
국도
지방도
고속화도로
기타도로

(먹글자) 법정동명 (청글자) 행정동명 특별·광역·도청 시청 군청 읍사무소 면사무소 구청 동주민센터 경찰서 소방서 우체국 전화국 병원 호텔 백화점 대학교 초,중,고교 주차장 골프장 주유소 LPG충전소 지시점 교차로명

평택시주요부

범례
- 특별·광역시·도계
- 시·군·구계
- 읍·면계
- 행정동계
- 고속철도
- 철도
- 지하철
- 고속도로
- 국도
- 지방도
- 고속화도로
- 기타도로

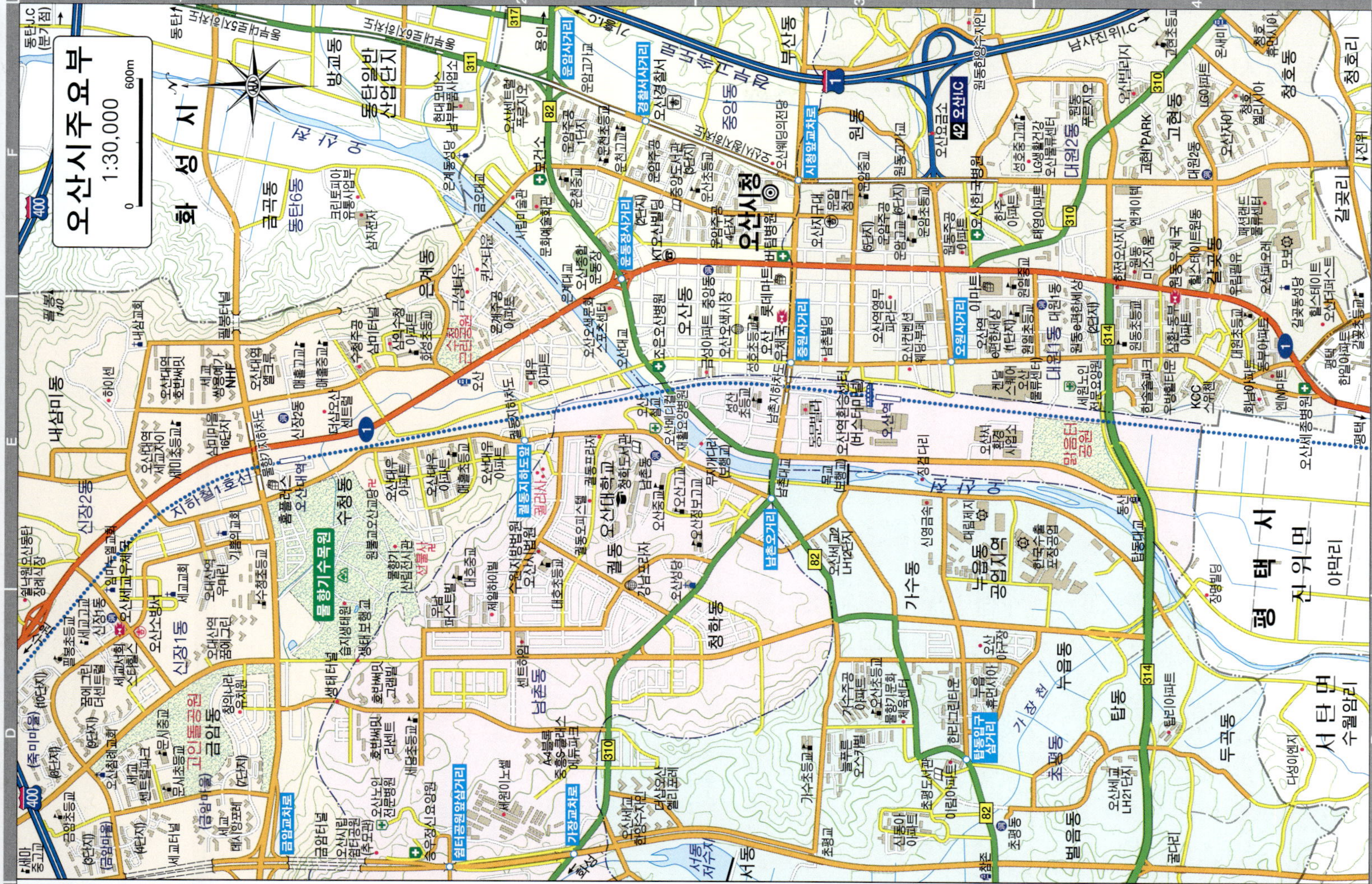
오산시주요부
1:30,000
0
600m
화성시
평택시
진위면
서탄면
오산시청
오산역
오산동
궐동
수청동
금암동
누읍동
가수동
내삼미동
청학동
가장동
서동
갈곶리
청호리
물향기수목원
오산대학교
한신대학교
동탄
부산동
원동
고현동
은계동
양산동
17

안성시주요부
1:30,000
0
600m
안성시청
안성3동
안성1동
안성2동
신소현동
신모산동
명륜동
당왕동
석정동
금산동
연지동
봉산동
구포동
가현동
가사동
옥산동
도기동
현수동
미양면
보개면
대덕면
대덕터널
비봉터널
한경국립대학교
중앙대학교 다빈치캠퍼스
안성맞춤박물관
안성산업단지
안성천
18

범례

특별·광역시·도계 | 시·군·구계 | 읍·면계 | 행정동계 | 고속철도 | 철도 | 지하철 | 고속도로 | 국도 | 지방도 | 고속화도로 | 기타도로

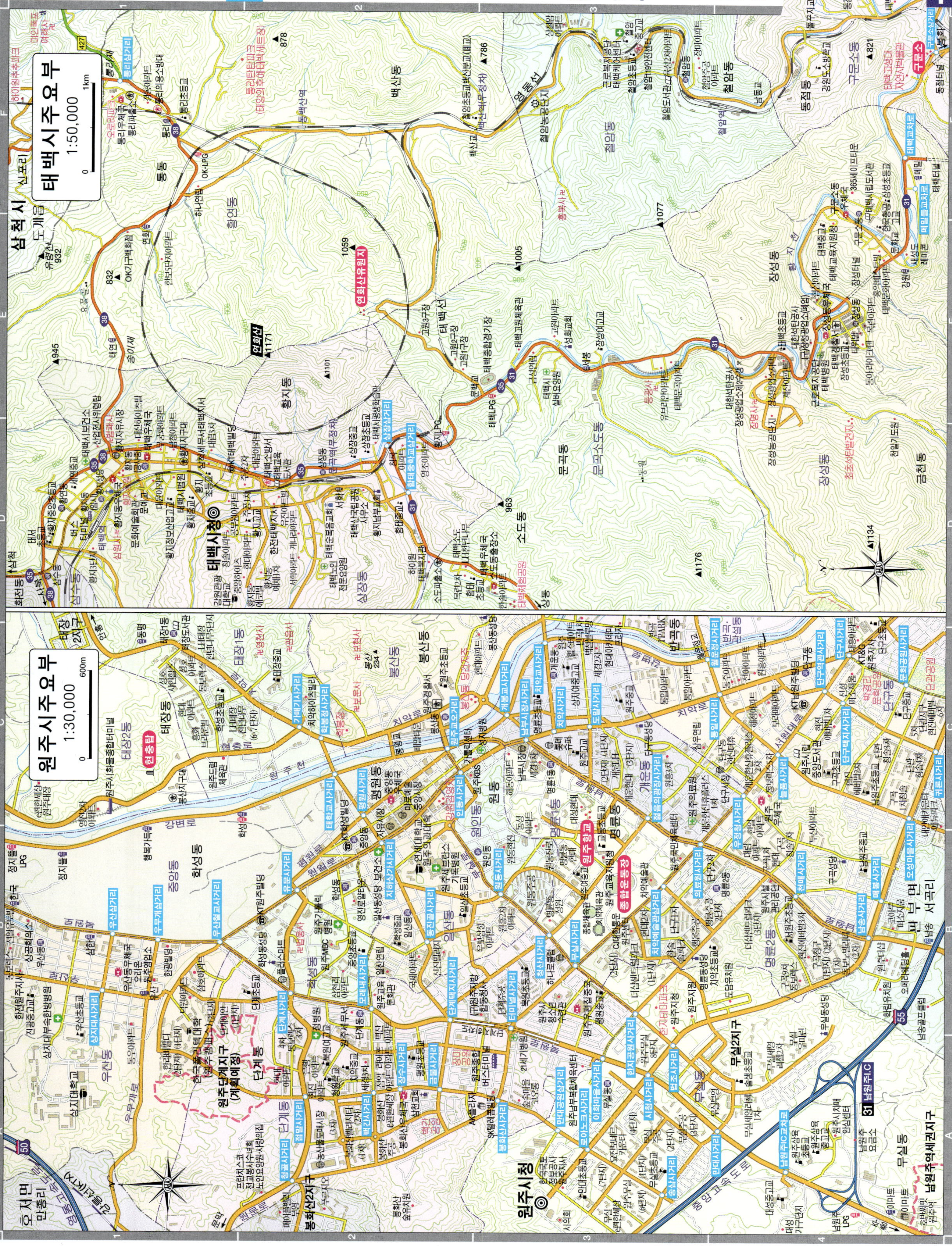

(먹글자) 법정동명 · 특별·광역·도청 · 군청 · 면사무소 · 동주민센터 · 소방서 · 전화국 · 호텔 · 대학교 · 주차장 · 주유소 · 지시점
(청글자) 행정동명 · 시청 · 읍사무소 · 구청 · 경찰서 · 우체국 · 병원 · 백화점 · 초.중.고교 · 골프장 · LPG충전소 · 교차로명

속초시주요부
1:40,000
800m
강릉시주요부
1:35,000
700m
8
14
동해
청초호
영랑호
경포호
속초시청
강릉시청
고성군
토성면
양양군
강현면
설악산국립공원
조양동
교동
노학동
금호동
영랑동
대포동
포남동
초당동
저동
운정동
난곡동
교동
옥천동
임당동
성남동
용강동
내곡동
노암동
강문동
경포해변
경포대
선교장
오죽헌
청량동
송정동

범례
특별·광역시·도계
시·군·구계
읍·면계
행정동계
고속철도
철도
고속도로
기타도로

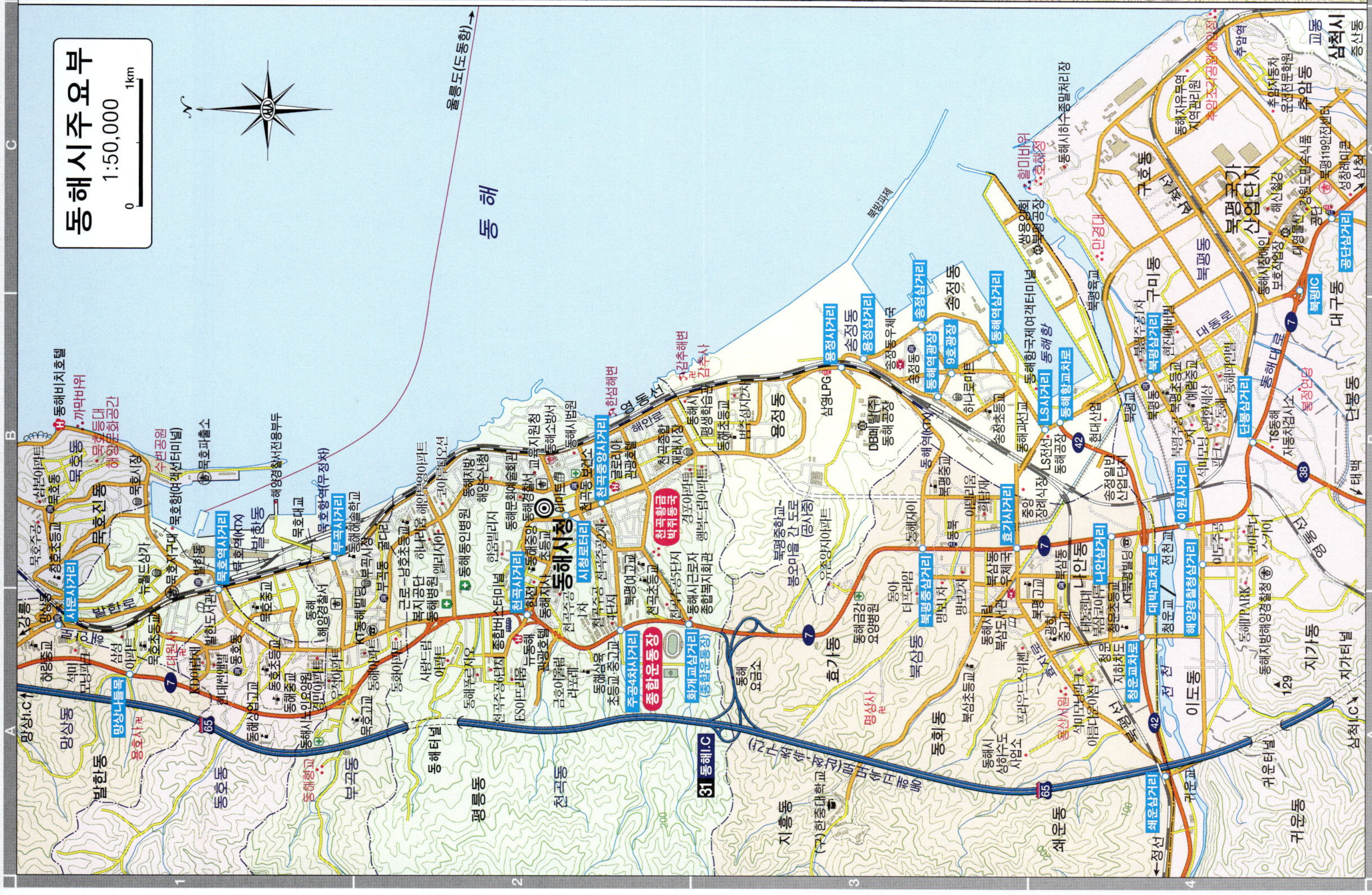

(먹글자) 법정동명 · 특별·광역·도청 · 군청 · 면사무소 · 동주민센터 · 소방서 · 전화국 · 호텔 · 대학교 · 주차장 · 주유소 · 지시점
(청글자) 행정동명 · 시청 · 읍사무소 · 구청 · 경찰서 · 우체국 · 병원 · 백화점 · 초.중.고교 · 골프장 · LPG충전소 · 교차로명

범례
특별·광역시·도계
시·군·구계
읍·면계
행정동계
고속철도
철도
지하철
고속도로
국도
지방도
고속화도로
기타도로

(먹글자) 법정동명 | 특별·광역·도청 | 군청 | 면사무소 | 동주민센터 | 소방서 | 전화국 | 호텔 | 대학교 | 주차장 | 주유소 | 지시점
(청글자) 행정동명 | 시청 | 읍사무소 | 구청 | 경찰서 | 우체국 | 병원 | 백화점 | 초·중·고교 | 골프장 | LPG충전소 | 교차로명

충주시주요부
1:25,000
0
500m
문산리
문산교
금가면
유송리
반송교
오석리
오석교
오석초등교
유송교차로
유송삼거리
남한강
충주내륙선
목행삼거리
목행사거리
충일의원
목행동우체국
목행·용탄동
목행동
통행불가
코스모신소재
충북선
목행역(무정차)
가구프라자
한국폴리텍대학 충주캠퍼스
충주제1일반산업단지
용탄공원
충주제3일반산업단지
충주제4일반산업단지
삼봉공원
가리공원
도매시장삼거리
목행초등교
목행산단5로
한전충주전력지사
충북동물위생시험소중부지소
금제1제
충주시평생학습관
충주여성문화회관
충주성결교회
효성교회
금릉초등교
연수성당삼거리
휴먼시아삼거리
연수동
금릉동
한우리
충주시청
금릉동우체국
팽고리삼거리
금릉사거리
광명산 149
능암늪지생태공원
유네스코국제무예센터
충주시육아종합지원센터
충주탄금공원
충주세계무술박물관
탄금대
탄금정
대흥사
탄금대공원
충혼탑
충주문화원
국제
칠금동
칠금·금릉동
탄금힐링레포츠공원
탄금야구장
신촌복지회관
칠금교
칠금신협
충주하수처리장
충주천
칠금사거리
칠금우체국사거리
쇠전골사거리
금릉사거리
LX충주지사
임광사거리
번영대로
계명대로
연수동
연수초교삼거리
금곡사거리
국립충주기상과학관
연수지연마을
남앙공원
체육관사거리
동계청사거리
충청지방통계청충주사무소
법원사거리
대가미체육공원
교현2동
교현공원
건국대학교충주병원
충주종합운동장
교현동
충주시립도서관
충주공용버스터미널
롯데마트
하이마트
한전충주지사
봉계사거리
대가미사거리
대동사거리
야현사거리
충주역(KTX)
하방
봉방동
봉방사거리
봉방동성당
KT&G충주지점
국제빌딩
세종장사랑
부민삼거리
삼원로타리
충주우체국
충주의료원
성내·충인동
충의동
성서동
관아공원
제1로타리
제2로타리
교동사거리
동촌사거리
안림사거리
갱고개삼거리
삼충사
세명대학교충주한방병원
충주그랜드관광호텔
시내버스삼거리
사과나무사거리
충주농협영농자재백화점
충주식물바이오에너지센터
문화동
충주시보건소
문화동성당
남한강초등교
호수사거리
흥우빌라
대림초등교
건국대사거리
지현동
성남동
천변사거리
용산동
충주여고사거리
지현삼거리
호암지생태공원
호암지
호암체육관
충주교현
충주반공투사위령탑
호암사거리
호암동
호암·직동
충주고교
충주시립
충주여고
금봉삼거리
세영사거리
달천
달천동
달천평야
달천교
모다아울렛
한국방송통신대학교 충주시학습관
충북선
달신사거리
곤평삼거리
곤평
충주종합운동장
충주시민의숲(조성중)
충부내륙선 (충주역-문경역 구간) (2024년예정)
대제저수지
함지사거리
단월동
건국대학교 글로벌캠퍼스
건국터미널
충북중원교육문화원
MBC충북 충주방송
충주시노인복지관
충주시장애인복지관
제천
목수
82
19

범례
특별·광역시·도계
시·군·구계
고속화도로
기타도로

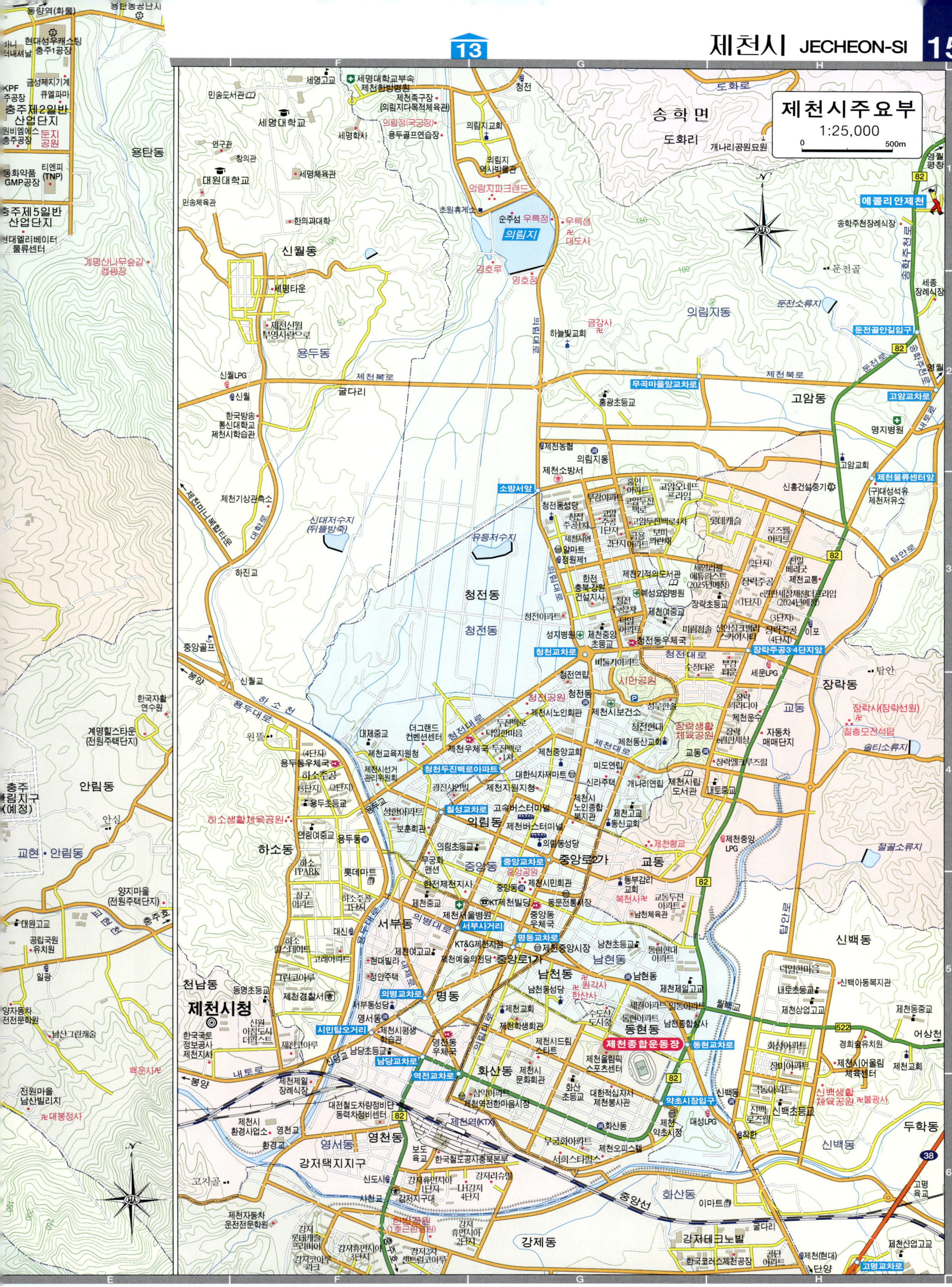

(먹글자) 법정동명 (청글자) 행정동명 특별·광역·도청 시청 군청 읍사무소 면사무소 구청 동주민센터 경찰서 소방서 우체국 전화국 병원 호텔 백화점 대학교 초.중.고교 주차장 골프장 주유소 LPG충전소 지시점 교차로명

천안시주요부

범례
- 특별·광역시·도계
- 시·군·구계
- 읍·면계
- 행정동계
- 고속철도
- 철도
- 지하철
- 고속도로
- 국도
- 지방도
- 고속화도로
- 기타도로

(먹글자) 법정동명 (청글자) 행정동명 특별·광역·도청 시청 군청 읍사무소 면사무소 구청 동주민센터 경찰서 소방서 우체국 전화국 병원 호텔 백화점 대학교 초·중·고교 주차장 골프장 주유소 LPG충전소 지시점 교차로명

23

공주 · 당진시주요부

23

범례
특별·광역시·도계 | 읍·면계 | 고속철도 | 지하철 | 국도 | 고속화도로
시·군·구계 | 행정동계 | 철도 | 고속도로 | 지방도 | 기타도로

(먹글자) 법정동명 · (청글자) 행정동명 · 특별·광역·도청 · 시청 · 호텔 · 백화점 · 대학교 · 초.중.고교 · 주차장 · 골프장 · 주유소 · LPG충전소 · 지시점 · 교차로명

논산 · 계룡시 · 부여읍주요부

전주시주요부

범례
특별·광역시·도계
시·군·구계
읍·면계
행정동계
고속철도
철도
지하철
고속도로
국도
지방도
고속화도로
기타도로

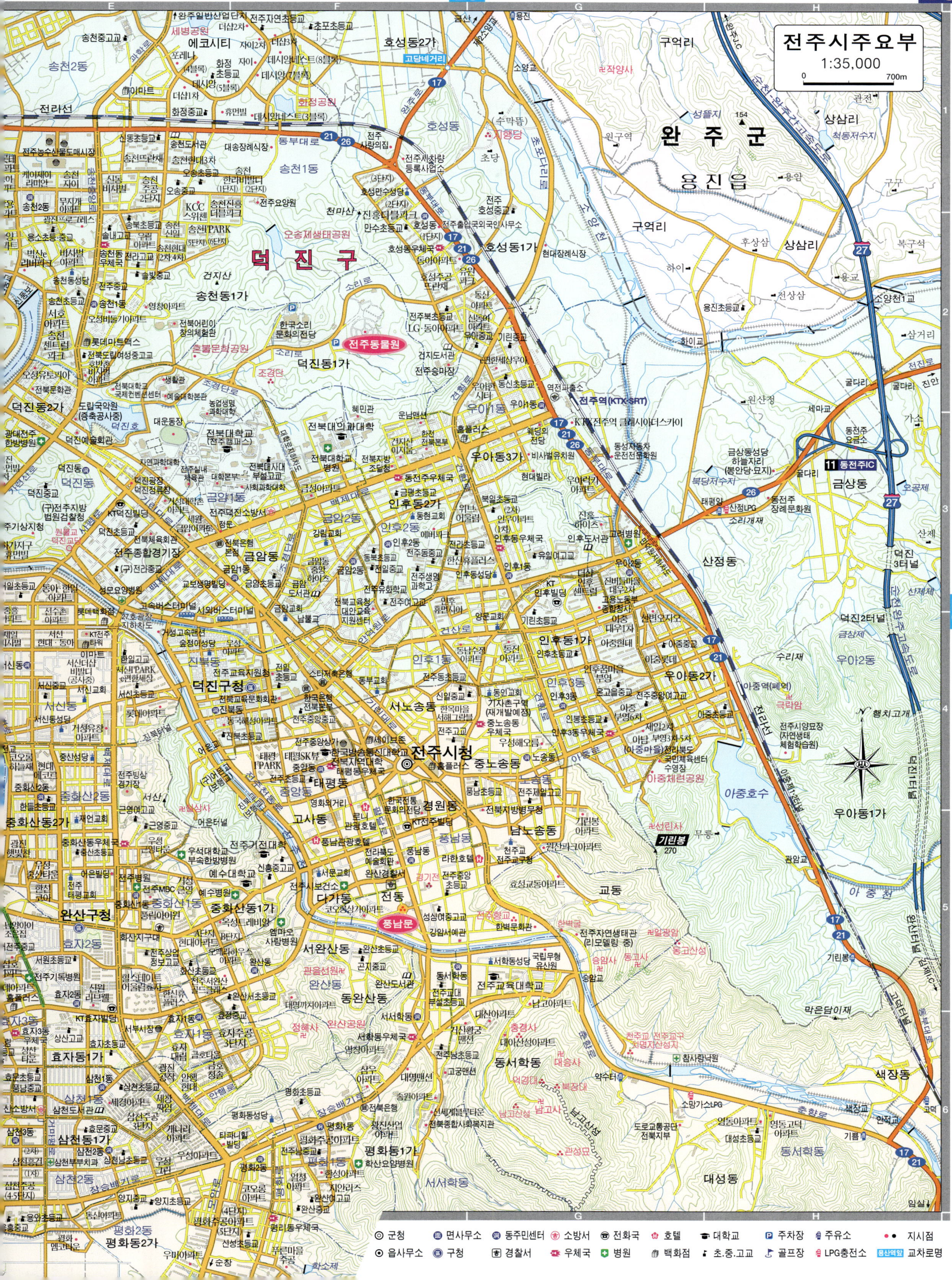
전주시주요부
1:35,000
0 700m
덕진구
완 주 군
용 진 읍
전주시청
덕진구청
완산구청
전주역(KTX·SRT)
동전주IC
전주동물원
풍남문
기린봉 270
아중호수
송천1동
송천2동
송천동1가
덕진동1가
덕진동2가
호성동
호성동1가
호성동2가
우아1동
우아2동
우아동1가
우아동3가
인후1동
인후2동
인후3동
인후동1가
인후동2가
금암1동
금암2동
금암동
진북동
서노송동
중노송동
남노송동
경원동
고사동
태평동
다가동
전동
중앙동
서완산동
완산동
동완산동
동서학동
서서학동
중화산1동
중화산2동
중화산동1가
중화산동2가
효자1동
효자2동
효자3동
효자동1가
삼천1동
삼천2동
삼천동1가
평화1동
평화2동
평화동1가
평화동2가
산정동
교동
대성동
색장동
금상동
구억리
상삼리
전주종합경기장
전북대학교
전주교육대학교
군청 면사무소 동주민센터 소방서 전화국 호텔 대학교 주차장 주유소 지시점
읍사무소 구청 경찰서 우체국 병원 백화점 초.중.고교 골프장 LPG충전소 교차로명

22

범례

- 특별·광역시·도계
- 시·군·구계
- 읍·면계
- 행정동계
- 고속철도
- 철도 (역사)
- 지하철 (갈아타는역)
- 고속도로 (고속도로번호 16)
- 국도 (국도번호 56)
- 지방도 (지방도번호 575)
- 고속화도로
- 기타도로

(먹글자) 법정동명 · 특별·광역·도청 · 군청 · 면사무소 · 동주민센터 · 소방서 · 전화국 · 호텔 · 대학교 · 주차장 · 주유소 · 지시점
(청글자) 행정동명 · 시청 · 읍사무소 · 구청 · 경찰서 · 우체국 · 병원 · 백화점 · 초·중·고교 · 골프장 · LPG충전소 · 교차로명

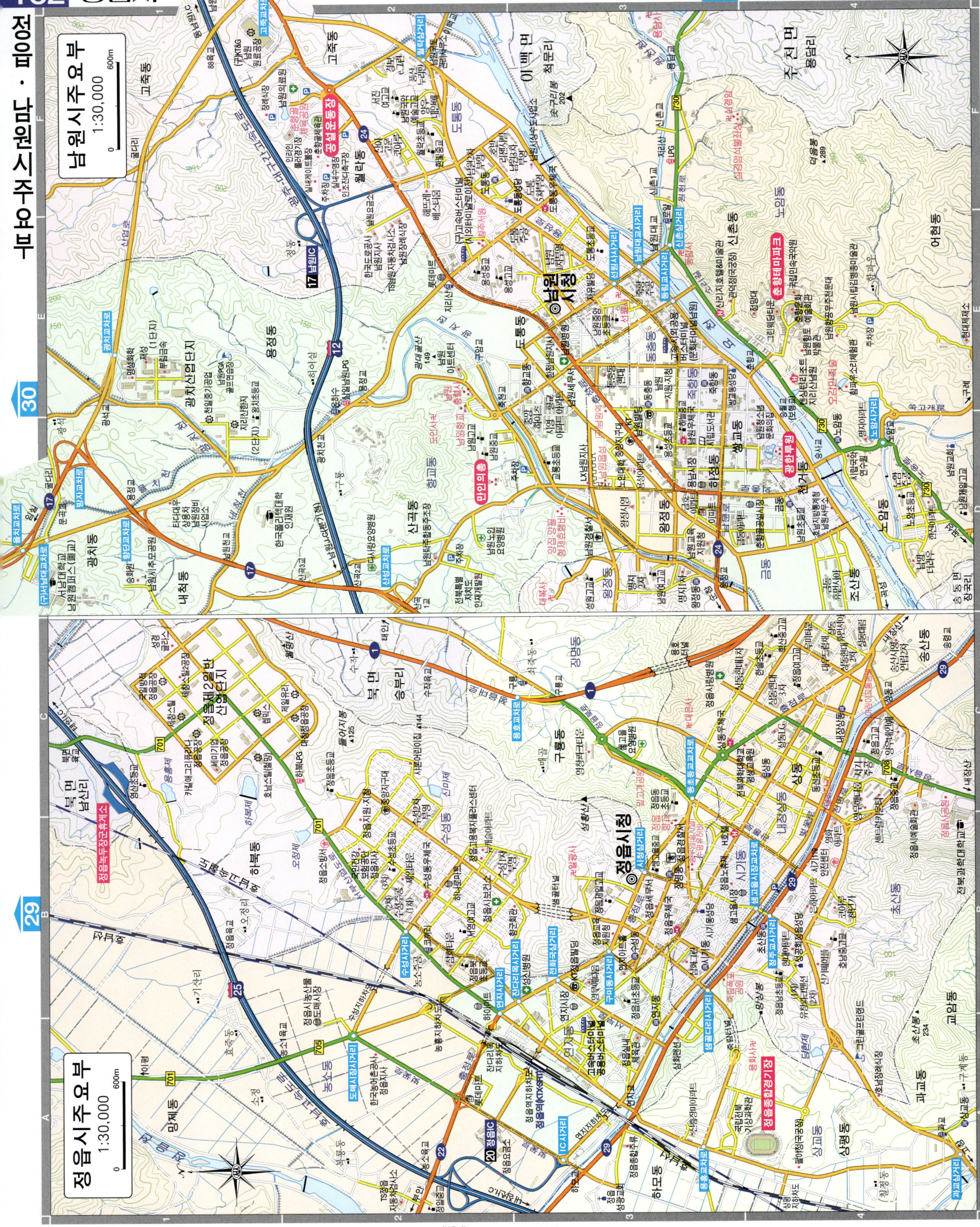

범례
특별·광역시·도계
시·군·구계
읍·면계
행정동계
고속철도
철도
지하철
고속도로
국도
지방도
고속화도로
기타도로

34

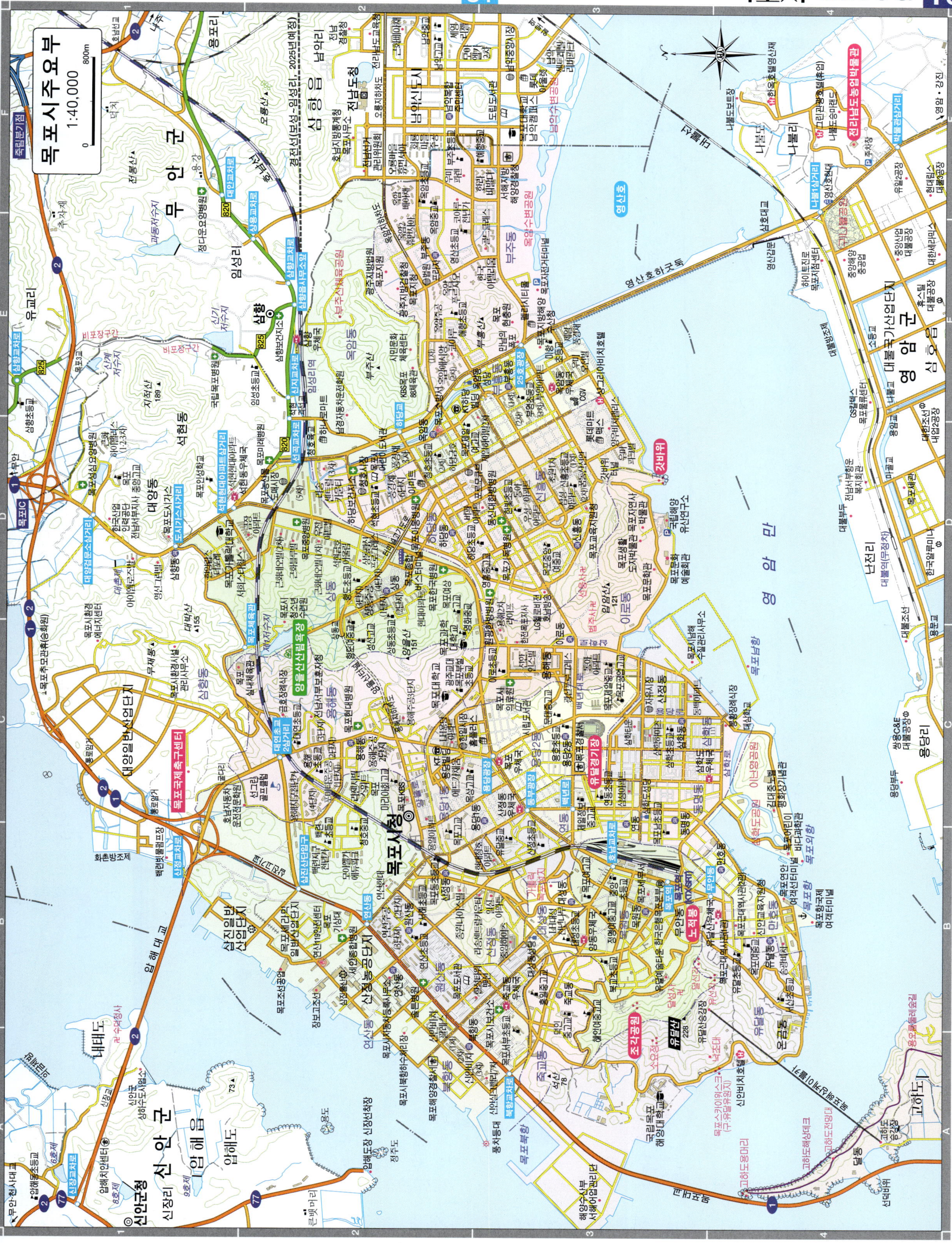

목포시주요부

34

(먹글자) 법정동명 · ▣ 특별·광역·도청 · ◎ 군청 · 면사무소 · 동주민센터 · 소방서 · 전화국 · 호텔 · 대학교 · 주차장 · 주유소 · 지시점
(청글자) 행정동명 · ◎ 시청 · ◉ 읍사무소 · 구청 · 경찰서 · 우체국 · 병원 · 백화점 · 초·중·고교 · 골프장 · LPG충전소 · 교차로명

36

순천시주요부

범례
특별·광역시·도계
읍·면계
고속철도
지하철
국도
고속화도로
시·군·구계
행정동계
철도
고속도로
지방도
기타도로

(먹글자) 법정동명 ▣ 특별·광역·도청 ◎ 군청 ▣ 면사무소 ◉ 동주민센터 ◉ 소방서 ◉ 전화국 ◉ 호텔 ▪ 대학교 P 주차장 ◉ 주유소 •• 지시점

(청글자) 행정동명 ◎ 시청 ⊙ 읍사무소 ◉ 구청 ◉ 경찰서 ◉ 우체국 ◉ 병원 ◉ 백화점 ▪ 초.중.고교 ◉ 골프장 ◉ LPG충전소 [용산역앞] 교차로명

범례
특별·광역시·도계
시·군·구계
읍·면계
행정동계
고속철도
철도
지하철
고속도로
국도
지방도
고속화도로
기타도로

37

(먹글자) 법정동명 · 특별·광역·도청 · 군청 · 면사무소 · 동주민센터 · 소방서 · 전화국 · 호텔 · 대학교 · 주차장 · 주유소 · 지시점
(청글자) 행정동명 · 시청 · 읍사무소 · 구청 · 경찰서 · 우체국 · 병원 · 백화점 · 초.중.고교 · 골프장 · LPG충전소 · 교차로명

범례

특별·광역시·도계	읍·면계	고속철도	지하철	국도	고속화도로
시·군·구계	행정동계	철도	고속도로	지방도	기타도로

27

(먹글자) 법정동명	특별·광역·도청	군청	면사무소	동주민센터	소방서	전화국	호텔	대학교
(청글자) 행정동명	시청	읍사무소	구청	경찰서	우체국	병원	백화점	초.중.고교

주차장	주유소	지시점	
골프장	LPG충전소	용산역입	교차로명

33

범례

특별·광역시·도계	읍·면계	고속철도	지하철	국도	고속화도로
시·군·구계	행정동계	철도	고속도로	지방도	기타도로

(먹글자) 법정동명 (청글자) 행정동명 특별·광역·도청 시청 군청 읍사무소 면사무소 구청 동주민센터 경찰서 소방서 우체국 전화국 병원 호텔 백화점 대학교 초.중.고교 주차장 골프장 주유소 LPG충전소 지시점 교차로명

범례
특별·광역시·도계 / 시·군·구계 / 읍·면계 / 행정동계 / 고속철도 / 철도 / 지하철 / 고속도로 / 국도 / 지방도 / 고속화도로 / 기타도로

(먹글자) 법정동명 특별·광역·도청 군청 면사무소 동주민센터 소방서 전화국 호텔 대학교 주차장 주유소 지시점
(청글자) 행정동명 시청 읍사무소 구청 경찰서 우체국 병원 백화점 초.중.고교 골프장 LPG충전소 교차로명

범례
특별·광역시·도계
시·군·구계
읍·면계
행정동계
고속철도
철도
지하철
고속도로
국도
지방도
고속화도로
기타도로

19
25

(먹글자) 법정동명 · 특별·광역·도청 · 군청 · 면사무소 · 동주민센터 · 소방서 · 전화국 · 호텔 · 대학교 · 주차장 · 주유소 · 지시점
(청글자) 행정동명 · 시청 · 읍사무소 · 구청 · 경찰서 · 우체국 · 병원 · 백화점 · 초.중.고교 · 골프장 · LPG충전소 · 교차로명

범례
- 특별·광역시·도계
- 시·군·구계
- 읍·면계
- 행정동계
- 고속철도
- 철도 (역사)
- 지하철 (같이타는역)
- 고속도로 (고속도로번호 16)
- 국도 (국도번호 56)
- 지방도 (지방도번호 575)
- 고속화도로
- 기타도로

(먹글자) 법정동명 · 특별·광역·도청 · (청글자) 행정동명 · 시청 · 주차장 · 골프장 · 주유소 · LPG충전소 · 지시점 · 용산역앞 교차로명

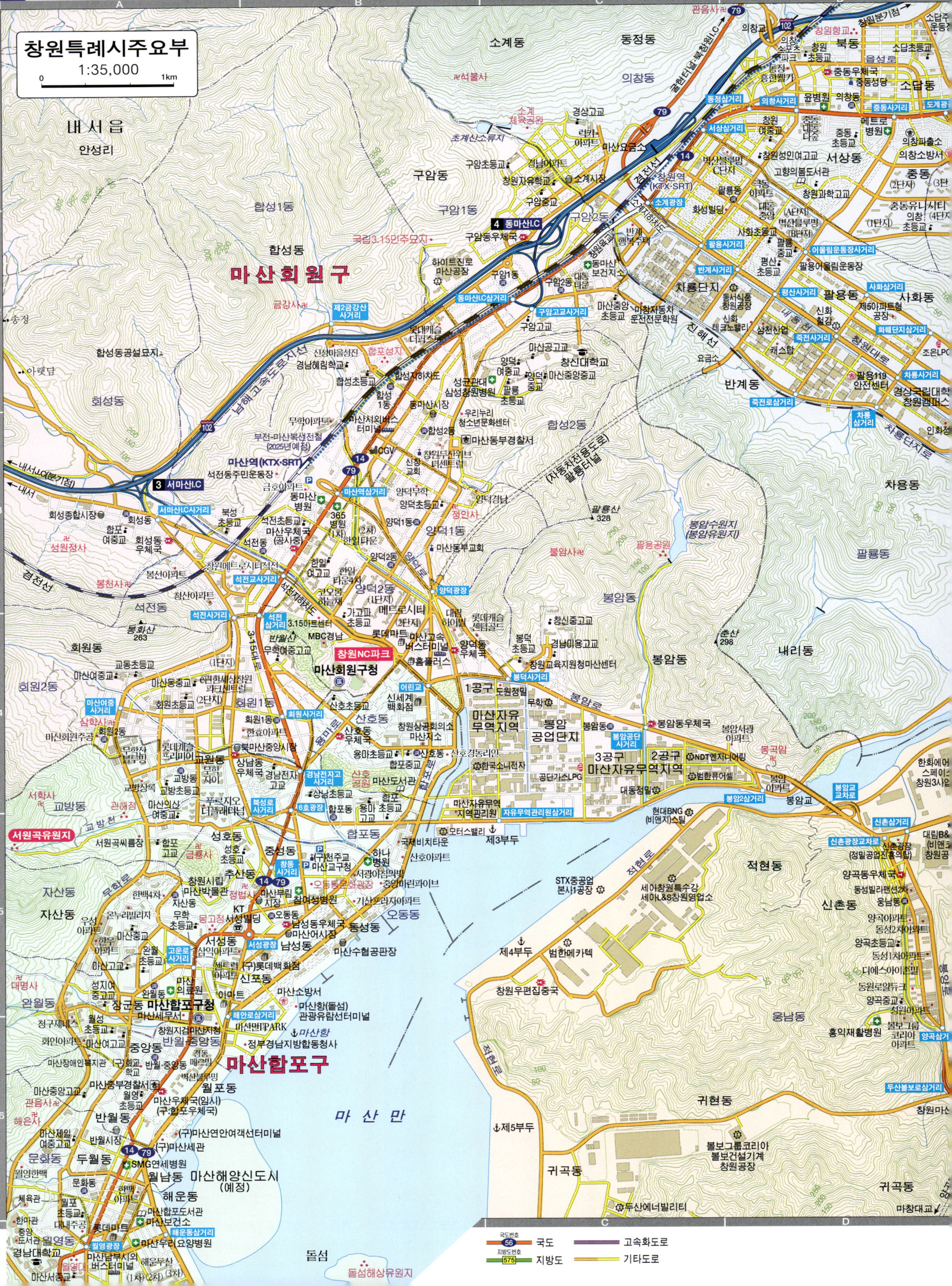
창원특례시주요부
1:35,000
0
1km
마산회원구
마산합포구
마 산 만
내서읍
안성리
합성1동
합성동
구암동
구암1동
구암2동
소계동
동정동
의창동
북동
소답동
중동
서상동
팔룡동
사화동
차룡단지
반계동
합성2동
양덕1동
양덕2동
석전동
회원동
회원1동
회원2동
교방동
봉암동
내리동
차용동
팔룡동
적현동
신촌동
웅남동
귀현동
귀곡동
서학동
완월동
자산동
중앙동
문화동
반월동
두월동
해운동
월포동
오동동
산호동
신포동
남성동
성호동
추산동
창원역(KTX·SRT)
마산역(KTX·SRT)
마산회원구청
마산합포구청
창원NC파크
마산자유무역지역
봉암공업단지
제3부두
제4부두
제5부두
돌섬
돌섬해상유원지
서원곡유원지
마산해양신도시(예정)
경남대학교
국립3.15민주묘지
팔룡산
봉암수원지(봉암유원지)
3 서마산I.C
4 동마산I.C
남해고속도로지선
경전선
국도
고속화도로
지방도
기타도로

(먹글자) 법정동명 · 특별·광역·도청 · 군청 · 면사무소 · 동주민센터 · 소방서 · 전화국 · 호텔 · 대학교 · 주차장 · 주유소 · 지시점
(청글자) 행정동명 · 시청 · 읍사무소 · 구청 · 경찰서 · 우체국 · 병원 · 백화점 · 초·중·고교 · 골프장 · LPG충전소 · 교차로명

범례

특별·광역시·도계	읍·면계	고속철도	지하철	국도
시·군·구계	행정동계	철도	고속도로	지방도
고속화도로	기타도로			

(먹글자) 법정동명 | 특별·광역·도청 | 군청 | 면사무소 | 동주민센터 | 소방서 | 전화국 | 호텔 | 대학교 | 주차장 | 주유소 | 지시점
(청글자) 행정동명 | 시청 | 읍사무소 | 구청 | 경찰서 | 우체국 | 병원 | 백화점 | 초.중.고교 | 골프장 | LPG충전소 | 교차로명

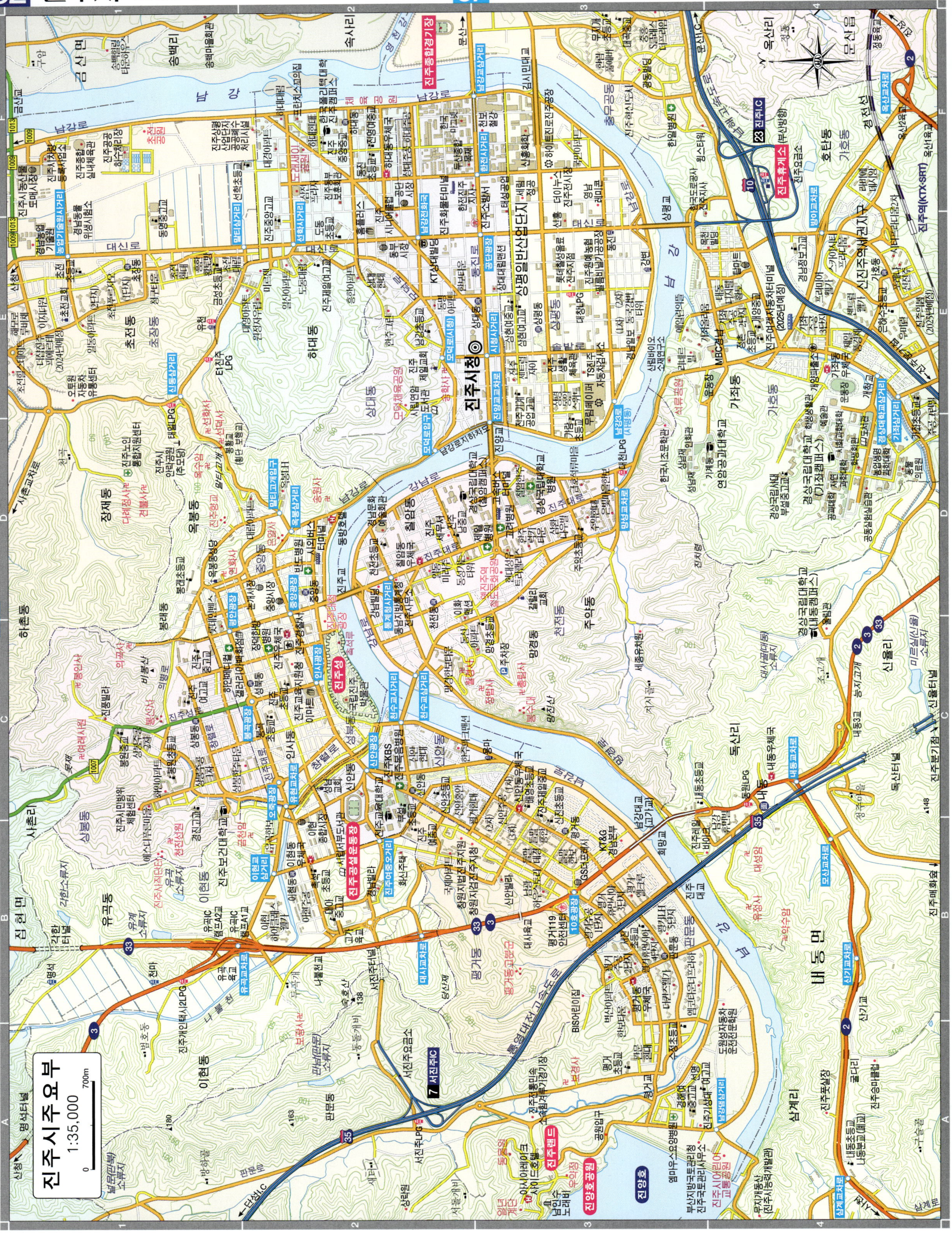

범례
특별·광역시·도계
시·군·구계
읍·면계
행정동계
고속철도
철도
지하철
고속도로
국도
지방도
고속화도로
기타도로

(먹글자) 법정동명 · 특별·광역·도청 · 군청 · 면사무소 · 동주민센터 · 소방서 · 전화국 · 호텔 · 대학교 · 주차장 · 주유소 · 지시점
(청글자) 행정동명 · 시청 · 읍사무소 · 구청 · 경찰서 · 우체국 · 병원 · 백화점 · 초.중.고교 · 골프장 · LPG충전소 · 교차로명

38

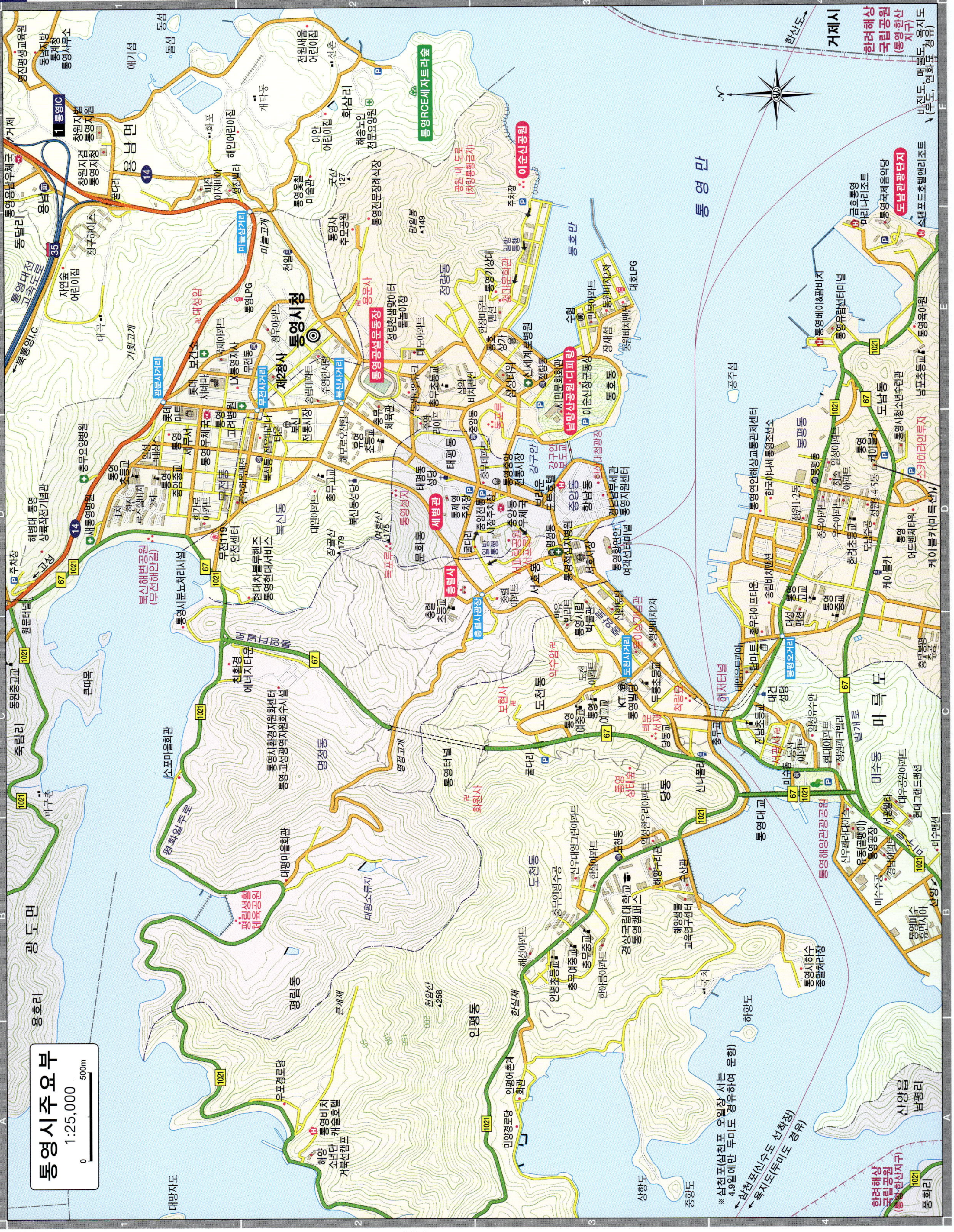

39

범례

특별·광역시·도계 · 읍·면계 · 고속철도 · 지하철 · 국도 · 고속화도로
시·군·구계 · 행정동계 · 철도 · 고속도로 · 지방도 · 기타도로

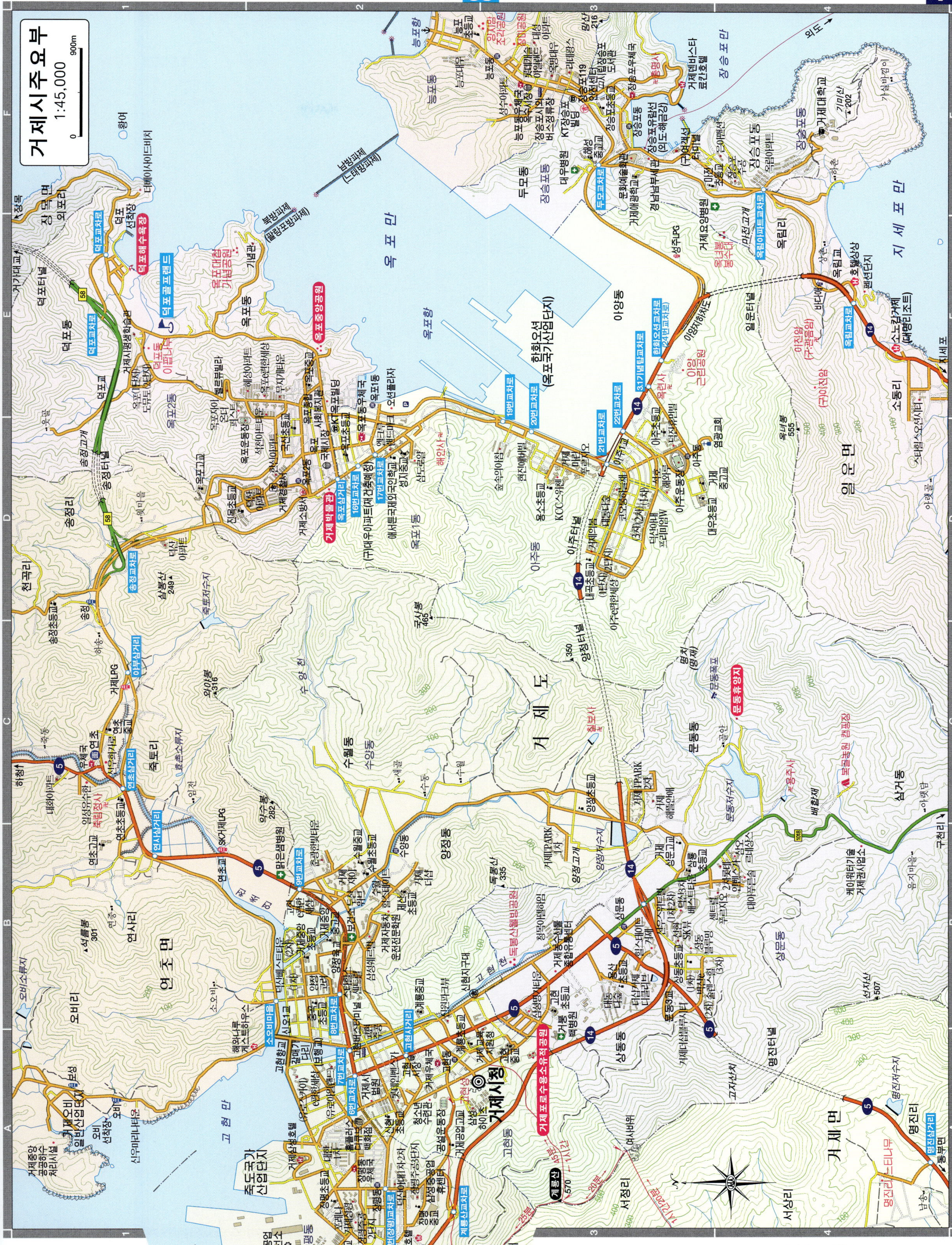

소방서	전화국	호텔	대학교
주차장	주유소	지시점	우체국
병원	백화점	초.중.고교	골프장
LPG충전소	교차로명		

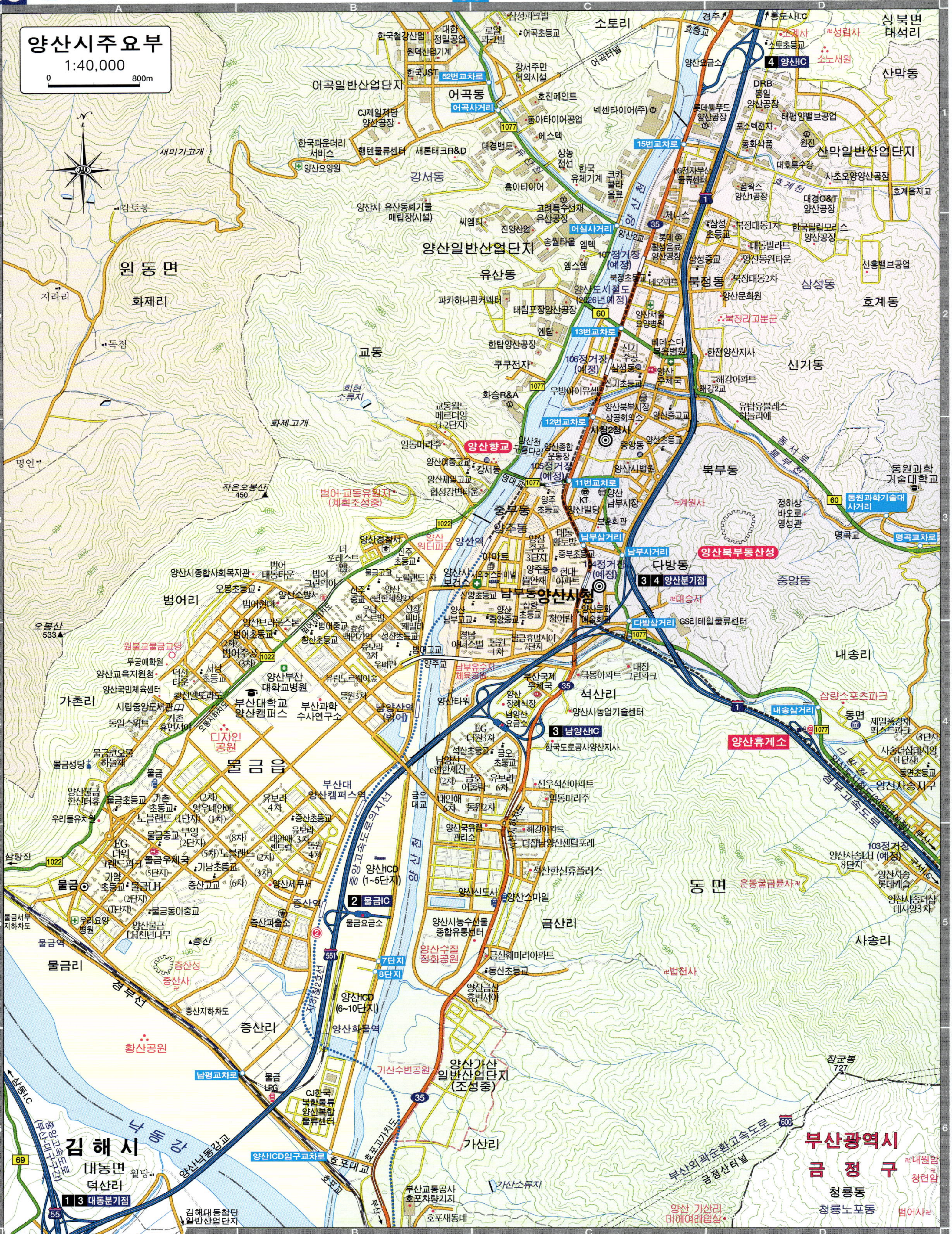
양산시주요부
1:40,000
0
800m
33
소토리
상북면
대석리
산막동
4 양산IC
어곡일반산업단지
어곡동
어곡사거리
강서동
산막일반산업단지
15번교차로
원동면
화제리
양산일반산업단지
유산동
북정동
삼성동
호계동
13번교차로
교동
신기동
12번교차로
시청2청사
양산향교
북부동
11번교차로
중부동
남부삼거리
남부사거리
다방동
3 4 양산분기점
양산북부동산성
중앙동
범어리
남부동
양산시청
다방삼거리
가촌리
석산리
내송리
삼량스포츠파크
내송삼거리
양산휴게소
3 남양산IC
물금읍
부산대 양산캠퍼스역
2 물금IC
동면
물금리
금산리
사송리
증산리
양산ICD (1~5단지)
양산ICD (6~10단지)
7단지
8단지
남평교차로
가산수변공원
양산가산 일반산업단지 (조성중)
낙동강
김해시
대동면
덕산리
가산리
양산ICD입구교차로
1 3 대동분기점
부산광역시
금정구
청룡동
청룡노포동
월촌리

---------- 읍·면계
---------- 행정동계
고속철도
철도
지하철
고속도로
국도
지방도
고속화도로
기타도로

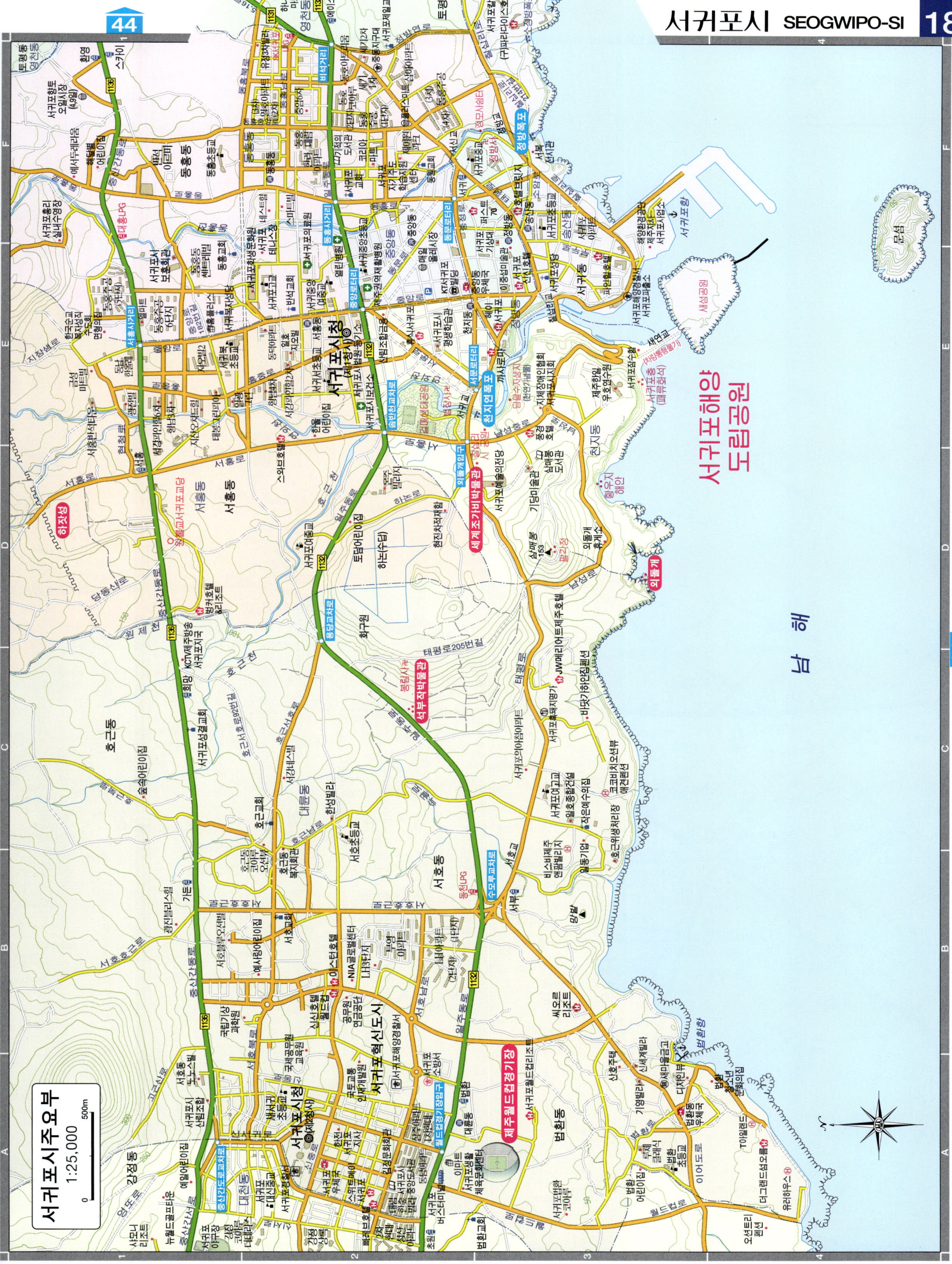

(먹글자) 법정동명 | 특별·광역·도청 | 군청 | 면사무소 | 동주민센터 | 소방서 | 전화국 | 호텔 | 대학교 | 주차장 | 주유소 | 지시점
(청글자) 행정동명 | 시청 | 읍사무소 | 구청 | 경찰서 | 우체국 | 병원 | 백화점 | 초·중·고교 | 골프장 | LPG충전소 | 교차로명

범례
특별·광역시·도계 · 읍·면계 · 고속철도 · 지하철 · 국도 · 고속화도로
시·군·구계 · 행정동계 · 철도 · 고속도로 · 지방도 · 기타도로

(먹글자) 법정동명 ▣ 특별·광역·도청 ◎ 군청 면사무소 동주민센터 소방서 전화국 호텔 대학교 주차장 주유소 지시점
(청글자) 행정동명 ◎ 시청 ⊙ 읍사무소 구청 경찰서 우체국 병원 백화점 초·중·고교 골프장 LPG충전소 교차로명

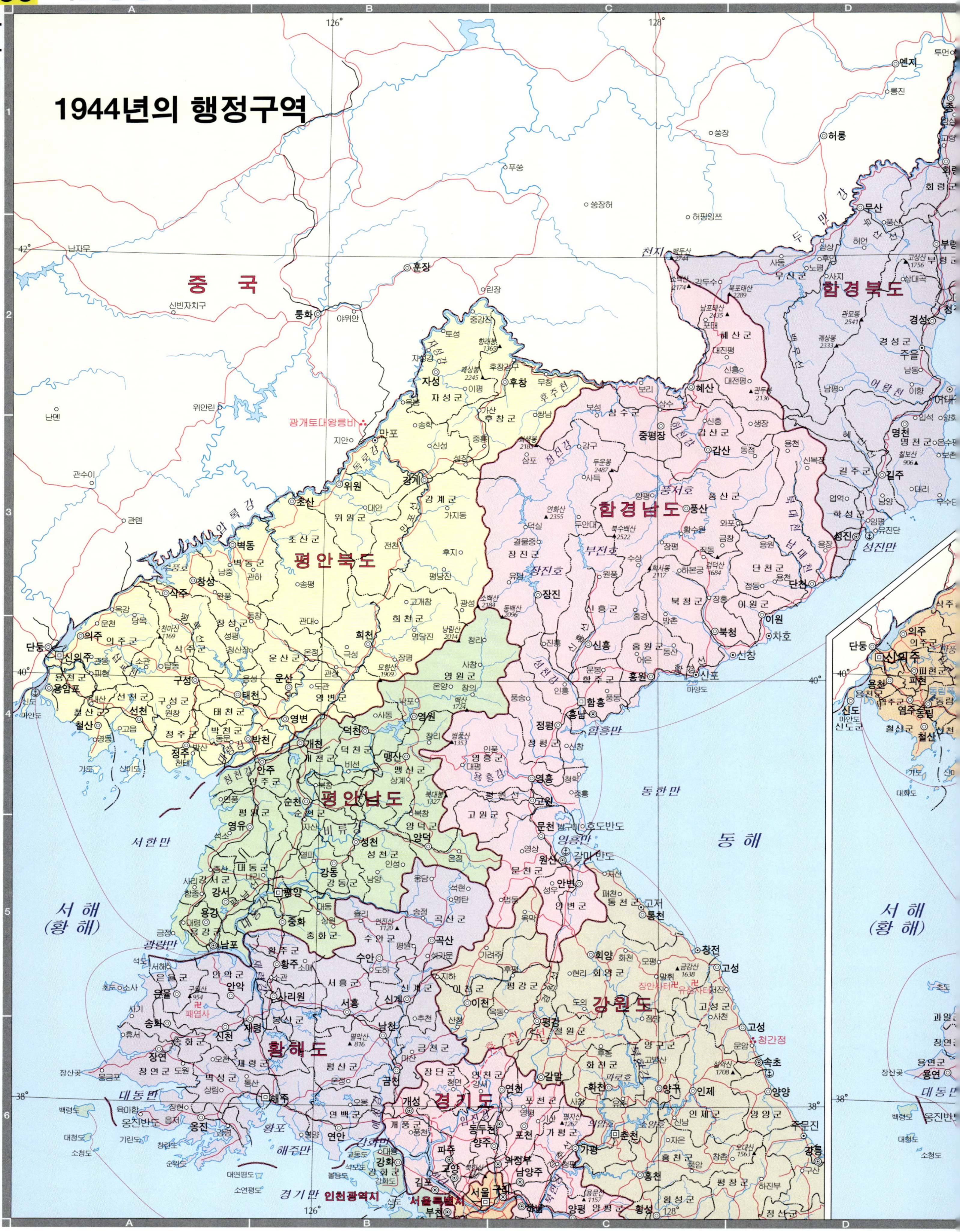
1944년의 행정구역
중 국
함경북도
함경남도
평안북도
평안남도
황해도
강원도
경기도
서울특별시
인천광역시
동해
서 해 (황 해)
서한만
동한만
영흥만
함흥만
경기만
해주만
대동만
성진만
광량만
두만강
압록강
장진호
부전호
청진
경성
회령
무산
혜산
길주
성진
단천
북청
이원
신포
함흥
흥남
홍원
신흥
풍산
갑산
장진
정평
영흥
고원
문천
원산
안변
통천
고성
양양
속초
인제
춘천
홍천
강릉
주문진
평강
철원
김화
화천
양구
이천
신계
곡산
수안
남천
금천
개성
연안
해주
옹진
장연
송화
은율
안악
재령
신천
사리원
서흥
황주
남포
용강
강서
평양
중화
강동
성천
순천
안주
개천
덕천
맹산
양덕
영원
희천
강계
자성
후창
위원
초산
벽동
창성
삭주
의주
신의주
용암포
철산
선천
정주
박천
구성
태천
운산
영변
단동
통화
훈장
연길
파주
김포
강화
부천
의정부
양주
포천
연천
가평
양평
횡성
평창
정선
120°
126°
128°
38°
40°
42°
A
B
C
D

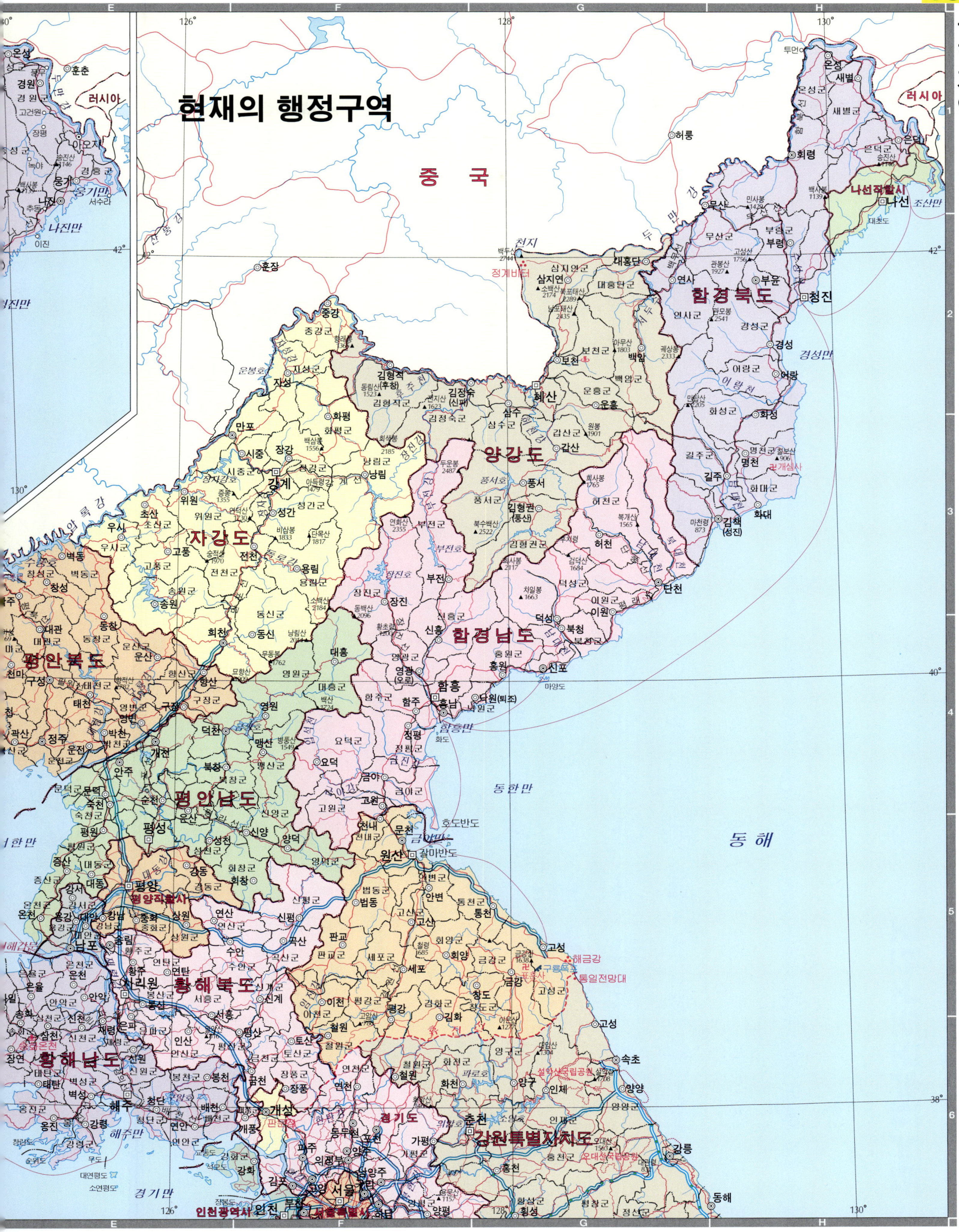
현재의 행정구역
중 국
러시아
함경북도
양강도
자강도
함경남도
평안북도
평안남도
평양직할시
황해북도
황해남도
강원특별자치도
경기도
나선직할시
동해
동한만
서울특별시
인천광역시
청진
혜산
강계
함흥
원산
평양
개성
신의주
남포
해주
사리원
춘천
강릉

1:2,300,000
0 40 80km

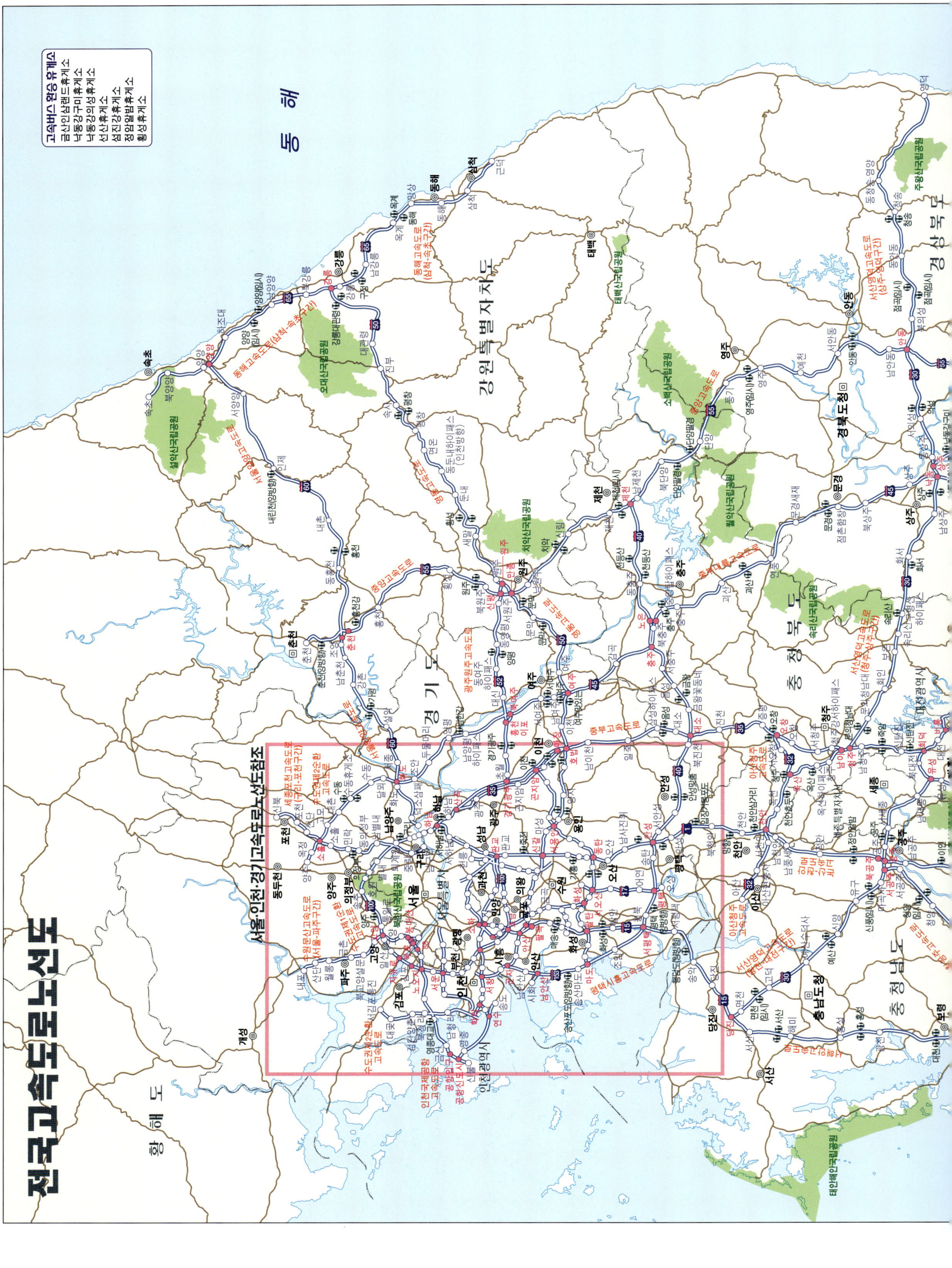
전국고속도로노선도
고속버스 환승 휴게소
금산인삼랜드휴게소
낙동강구미휴게소
낙동강의성휴게소
선산휴게소
섬진강휴게소
정안알밤휴게소
횡성휴게소
동해
황해
강원특별자치도
경기도
충청북도
충청남도
경상북도
서울·인천·경기고속도로노선도참조

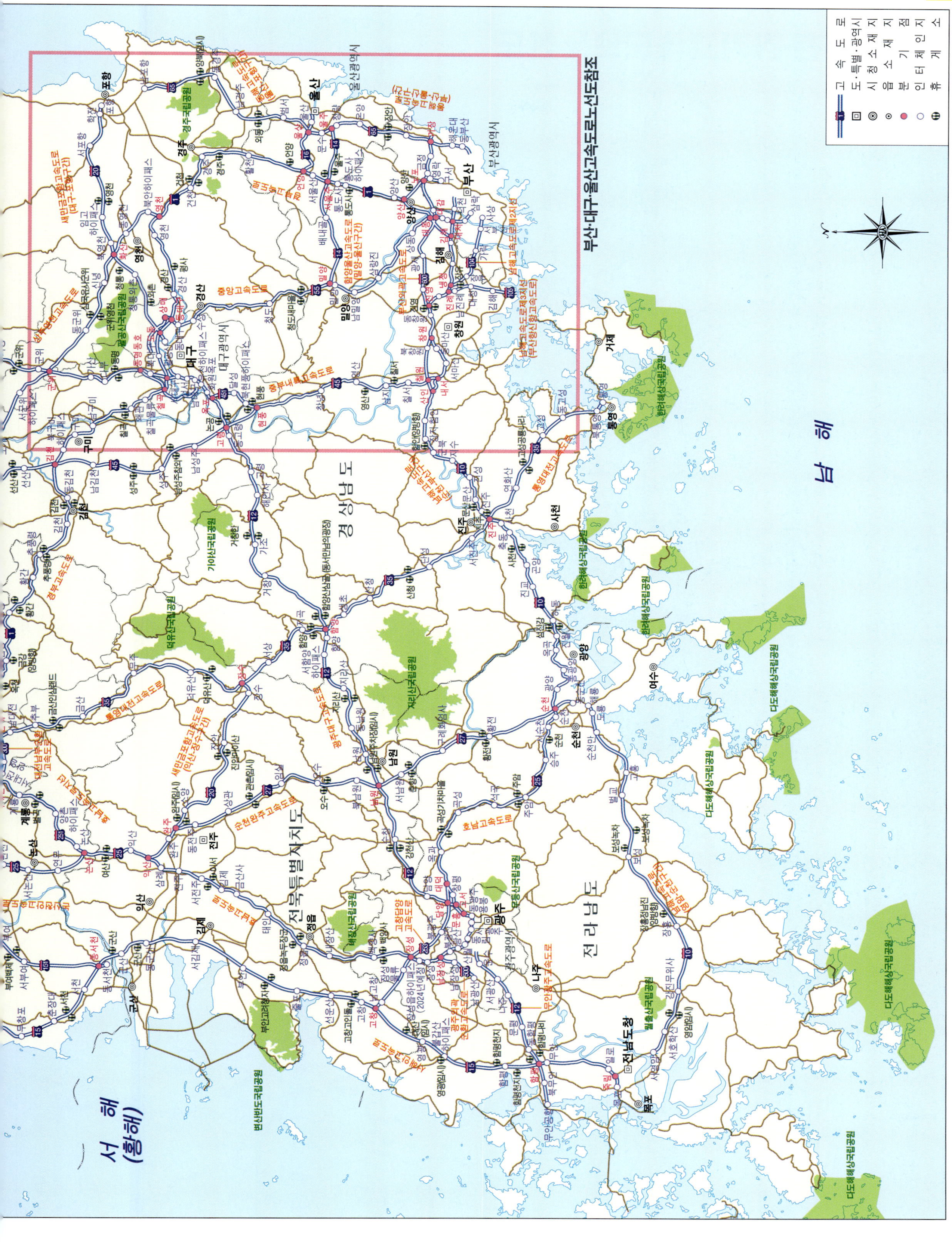
고속도로노선도
고속도로
도·특별·광역시
시청소재지
읍소재지
분기점
인터체인지
휴게소
부산·대구·울산고속도로노선도참조
남 해
서 해 (황해)
경 상 남 도
전 라 남 도
전북특별자치도

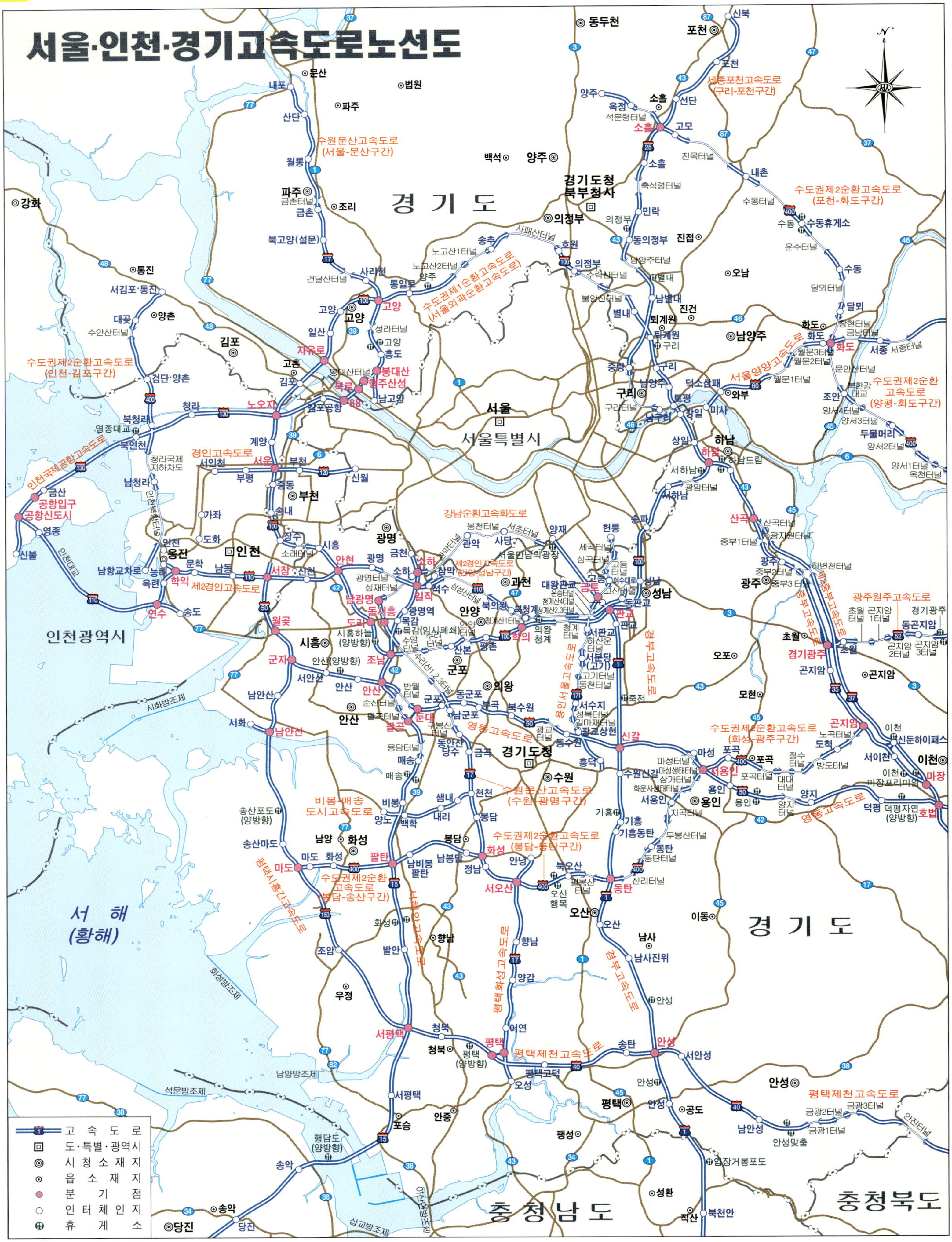
서울·인천·경기고속도로노선도
경 기 도
서울특별시
인천광역시
서 해
(황해)
충청남도
충청북도
수원문산고속도로
(서울-문산구간)
세종포천고속도로
(구리-포천구간)
수도권제2순환고속도로
(포천-화도구간)
수도권제1순환고속도로
(서울외곽순환고속도로)
수도권제2순환고속도로
(인천-김포구간)
서울양양고속도로
수도권제2순환
고속도로
(양평-화도구간)
인천국제공항고속도로
경인고속도로
제2경인고속도로
제2경인고속도로
(안양-성남구간)
강남순환고속화도로
용인서울고속도로
경부고속도로
광주원주고속도로
제2중부고속도로
중부고속도로
영동고속도로
수도권제2순환고속도로
(화성-광주구간)
수원문산고속도로
(수원-광명구간)
비봉-매송
도시고속도로
수도권제2순환고속도로
(봉담-동탄구간)
수도권제2순환
고속도로
(봉담-송산구간)
평택시흥고속도로
서해안고속도로
평택화성고속도로
평택제천고속도로
경기도청
경기도청
북부청사
서울
고 속 도 로
도·특별·광역시
시 청 소 재 지
읍 소 재 지
분 기 점
인 터 체 인 지
휴 게 소

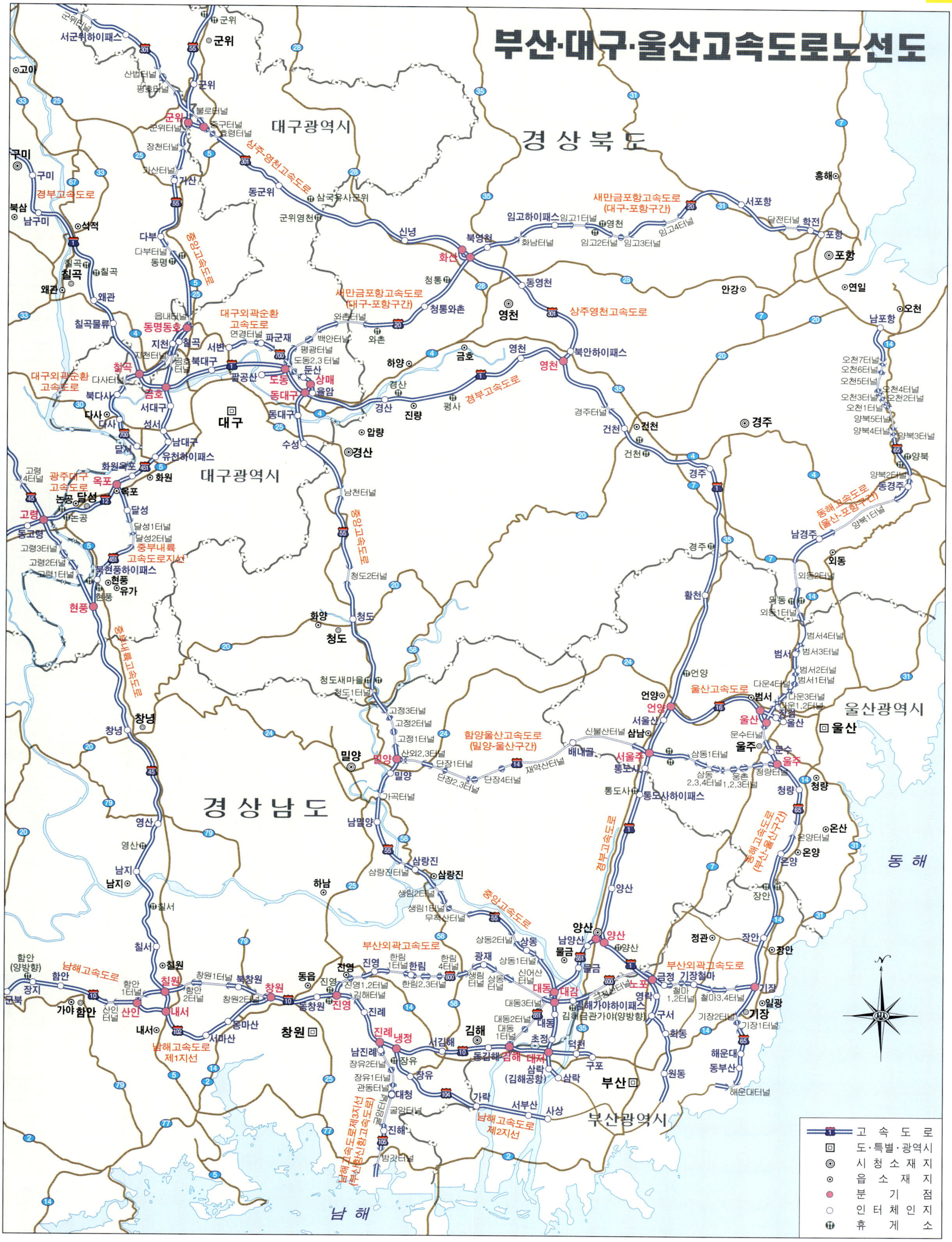
부산·대구·울산고속도로노선도
경상북도
경상남도
대구광역시
울산광역시
부산광역시
동 해
남 해
상주-영천고속도로
상주영천고속도로
중앙고속도로
경부고속도로
새만금포항고속도로 (대구-포항구간)
대구외곽순환 고속도로
광주대구 고속도로
중부내륙 고속도로지선
중부내륙고속도로
울산고속도로
함양울산고속도로 (밀양-울산구간)
동해고속도로 (울산-포항구간)
동해고속도로 (부산-울산구간)
부산외곽고속도로
남해고속도로
남해고속도로 제1지선
남해고속도로 제2지선
남해고속도로제3지선 (부산신항고속도로)
대구
울산
부산
창원
고 속 도 로
도·특별·광역시
시 청 소 재 지
읍 소 재 지
분 기 점
인 터 체 인 지
휴 게 소

* 임진강역은 문산역에서 하차 후 환승해야함. 도라산역은 운행 잠정 중단.
평일 하행 (문산역 → 임진강역) 1일 2회
문산역 (10:30 / 17:05) → 운천역 (10:36 / 17:11) → 임진강역 (10:40 / 17:15)
평일 상행 (임진강역 → 문산역) 1일 2회
임진강역(10:50 / 17:25) → 운천역(10:54 / 17:29) → 문산역(11:00 / 17:35)

토 · 일 · 공휴일 하행(문산역 → 임진강역) 1일 4회
문산역(09:35 / 10:35 / 15:45 / 17:20)
운천역(09:41 / 10:41 / 15:51 / 17:26)
임진강역(09:45 / 10:45 / 15:55 / 17:30)

토 · 일 · 공휴일 상행(임진강역 → 문산역) 1일 4회
임진강역(10:00 / 12:40 / 16:10 / 17:45)
운천역(10:04 / 12:44 / 16:14 / 17:49)
문산역(10:10 / 12:50 / 16:20 / 17:55)

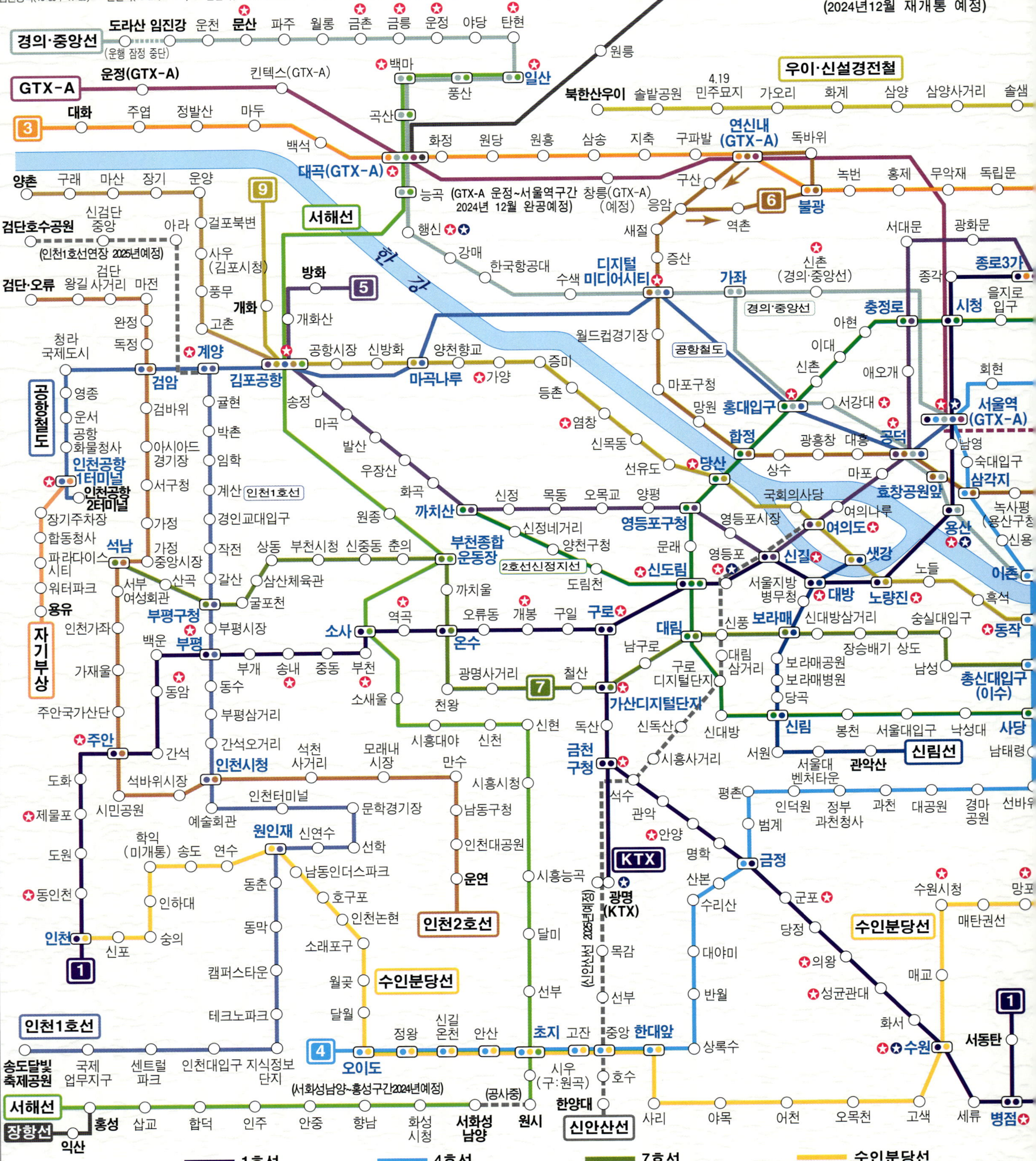

갈아타는 역

✪ 급행열차 정차역

✪ 고속철도 정차역

1호선 (연천~인천, 신창)	4호선 (진접~오이도)	7호선 (석남~장암)	수인분당선 (인천~수원~청량리)
2호선 (시청~시청)	5호선 (방화~검단산, 마천)	8호선 (모란~별내)	신분당선 (신사~광교)
3호선 (대화~오금)	6호선 (불광~신내)	9호선 (개화~중앙보훈병원)	경의·중앙선 (문산~서울, 지평)

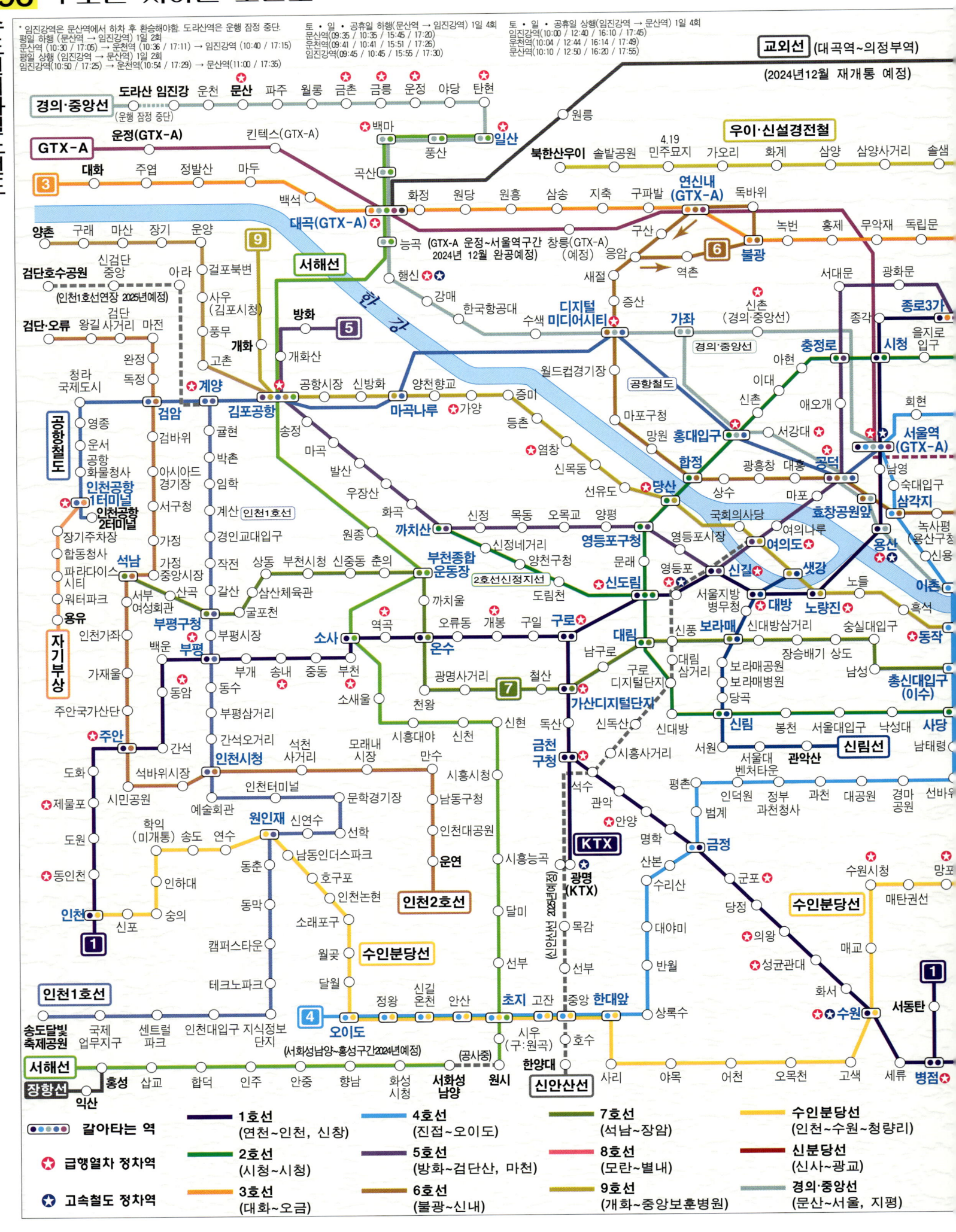

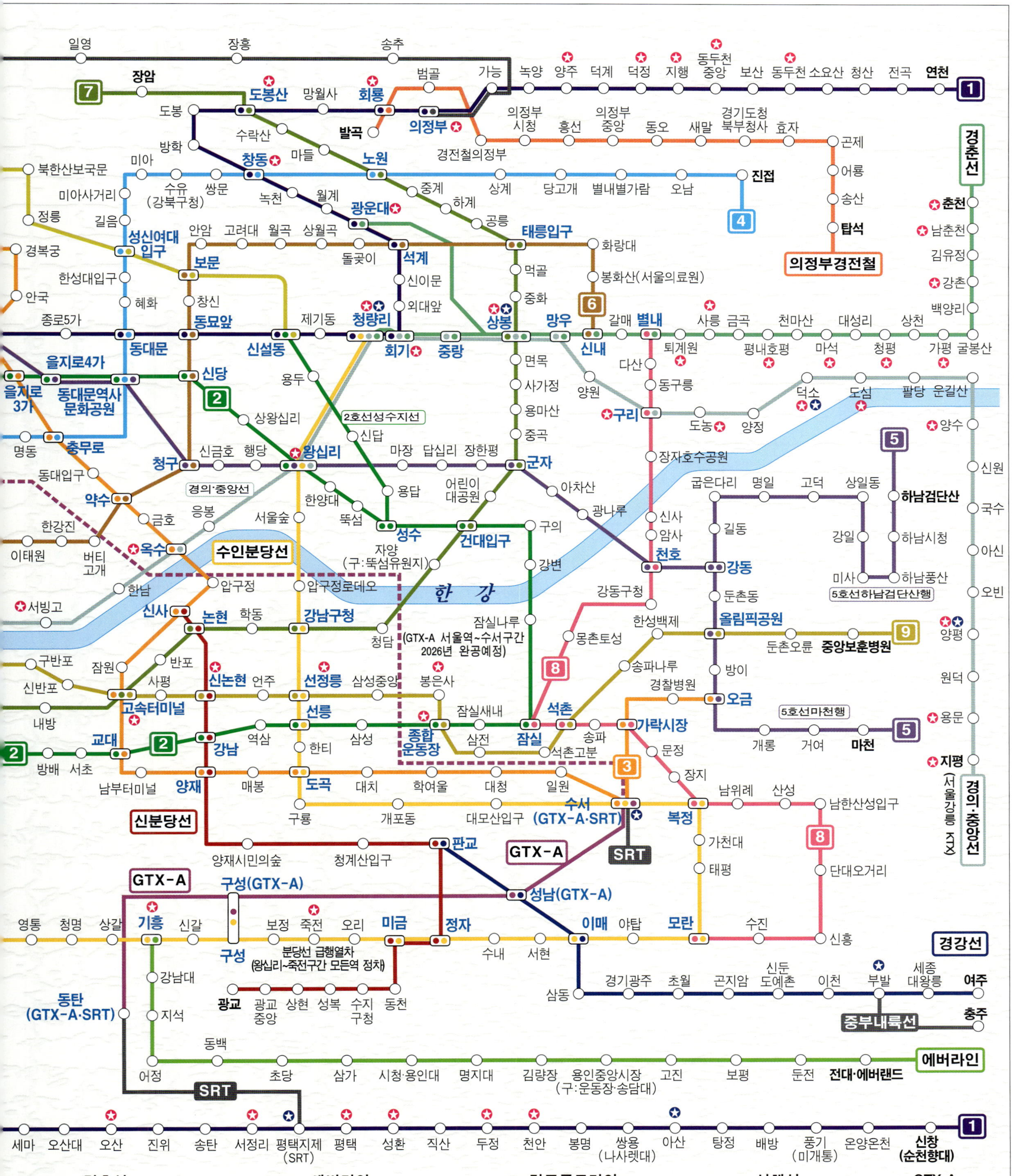

경춘선 (춘천~청량리, 광운대)	**에버라인** (기흥~전대·에버랜드)	**김포골드라인** (김포공항~양촌)	**서해선** (일산~홍성)	**GTX-A** (운정~동탄)
공항철도 (서울~인천공항2터미널)	**인천1호선** (송도달빛축제공원~계양)	**자기부상** (인천공항1터미널~용유)	**의정부경전철** (발곡~탑석)	**교외선** (대곡~의정부)
경강선 (판교~여주)	**인천2호선** (운연~검단·오류)	**우이·신설경전철** (신설동~북한산우이)	**신림선** (관악산~샛강)	**신안산선(공사중)** (한양대~여의도)

부산지하철노선도

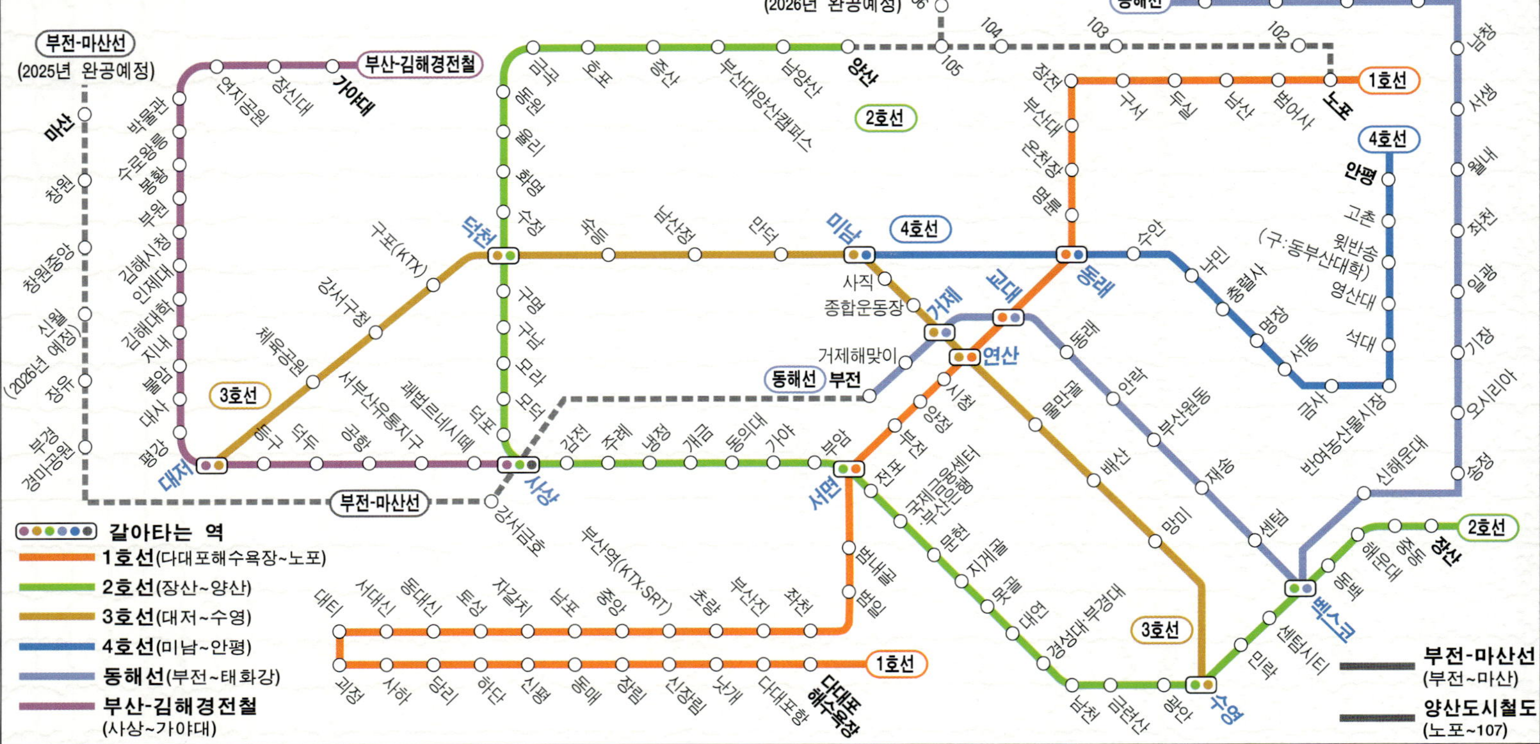
양산도시철도
(2026년 완공예정)
107
106
105
104
103
102
동해선
태화강
개운포
덕하
망양
남창
서생
월내
좌천
일광
기장
오시리아
송정
신해운대
벡스코
센텀
재송
부산원동
안락
동래
부전
거제해맞이
1호선
노포
범어사
남산
두실
구서
장전
부산대
온천장
명륜
동래
교대
연산
시청
양정
부전
서면
범내골
범일
좌천
부산진
초량
부산역(KTX·SRT)
중앙
남포
자갈치
토성
동대신
서대신
대티
괴정
사하
당리
하단
신평
동매
장림
신장림
낫개
다대포항
다대포해수욕장
2호선
양산
남양산
부산대양산캠퍼스
증산
호포
금곡
동원
율리
화명
수정
덕천
구명
구남
모라
모덕
덕포
사상
감전
주례
냉정
개금
동의대
가야
부암
전포
국제금융센터·부산은행
문현
지게골
못골
대연
경성대·부경대
남천
금련산
광안
수영
민락
센텀시티
벡스코
동백
해운대
중동
장산
3호선
대저
체육공원
강서구청
구포(KTX)
숙등
남산정
만덕
미남
사직
종합운동장
거제
물만골
배산
망미
수영
4호선
안평
고촌
윗반송
(구:동부산대학)
영산대
석대
반여농산물시장
금사
서동
명장
충렬사
낙민
수안
부산-김해경전철
가야대
장신대
연지공원
박물관
수로왕릉
봉황
부원
김해시청
인제대
김해대학
지내
불암
대사
평강
대저
등구
덕두
공항
서부산유통지구
괘법르네시떼
사상
부전-마산선
(2025년 완공예정)
마산
창원
창원중앙
신월
(2026년 예정)
장유
부경경마공원
강서금호
갈아타는 역
1호선(다대포해수욕장~노포)
2호선(장산~양산)
3호선(대저~수영)
4호선(미남~안평)
동해선(부전~태화강)
부산-김해경전철
(사상~가야대)
부전-마산선
(부전~마산)
양산도시철도
(노포~107)

대구지하철노선도

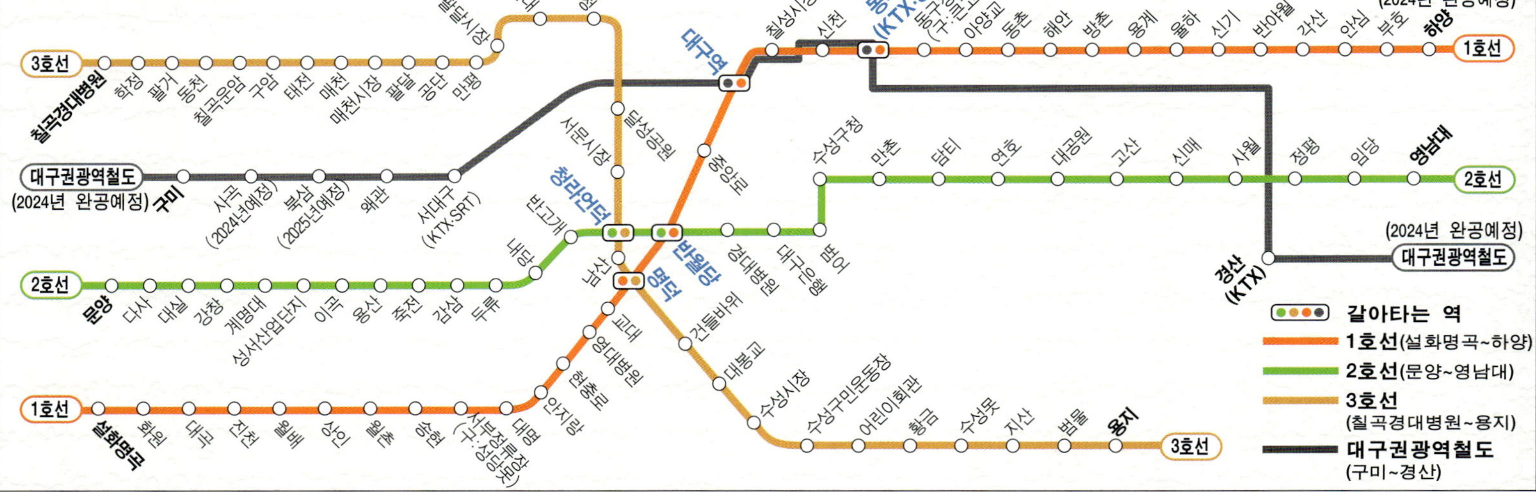
3호선
칠곡경대병원
학정
팔거
동천
칠곡운암
구암
태전
매천
매천시장
팔달
공단
만평
팔달시장
원대
북구청
달성공원
서문시장
청라언덕
남산
명덕
건들바위
대봉교
수성시장
수성구민운동장
어린이회관
황금
수성못
지산
범물
용지
1호선
설화명곡
화원
대곡
진천
월배
상인
월촌
송현
서부정류장
(구:성당못)
대명
안지랑
현충로
영대병원
교대
반월당
중앙로
대구역
칠성시장
신천
동대구역
(KTX·SRT)
동구청
(구:큰고개)
아양교
동촌
해안
방촌
용계
율하
신기
반야월
각산
안심
부호
하양
부호, 하양역
(2024년 완공예정)
2호선
문양
다사
대실
강창
계명대
성서산업단지
이곡
용산
죽전
감삼
두류
내당
반고개
경대병원
대구은행
범어
수성구청
만촌
담티
연호
대공원
고산
신매
사월
정평
임당
영남대
대구권광역철도
(2024년 완공예정)
구미
사곡
(2024년예정)
북삼
(2025년예정)
왜관
서대구
(KTX·SRT)
경산
(KTX)
갈아타는 역
1호선(설화명곡~하양)
2호선(문양~영남대)
3호선
(칠곡경대병원~용지)
대구권광역철도
(구미~경산)

광주지하철노선도

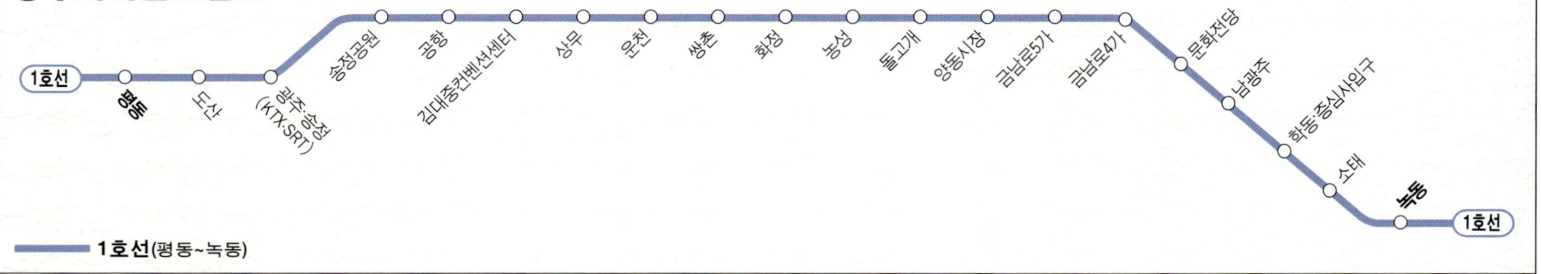
1호선
평동
도산
광주송정
(KTX·SRT)
송정공원
공항
김대중컨벤션센터
상무
운천
쌍촌
화정
농성
돌고개
양동시장
금남로5가
금남로4가
문화전당
남광주
학동·증심사입구
소태
녹동
1호선(평동~녹동)

대전지하철노선도

1호선
반석
지족
노은
월드컵경기장
현충원
구암
유성온천
갑천
월평
갈마
정부청사
시청
탄방
용문
오룡
서대전네거리
중구청
중앙로
대전역(KTX·SRT)
대동
신흥
판암
1호선(반석~판암)

서울역 출발
KTX : 광명·부산·동대구·포항·진주·목포·여수EXPO
ITX새마을 : 대전·부산·진주·신해운대
무궁화 : 부산·진주·신해운대

청량리역 출발
ITX청춘 : 가평·춘천
ITX새마을 : 원주·제천·영주
무궁화 : 원주·제천·안동·정동진·부전

용산역 출발
KTX : 광명·목포·여수EXPO·부산·동대구·포항·진주
ITX청춘 : 가평·춘천
ITX새마을 : 서대전·목포·광주·여수EXPO
새마을 : 장항·익산
무궁화 : 목포·광주·여수EXPO·보성·순천·장항

수서역 출발
SRT : 부산·동대구·포항·진주·광주송정·목포·여수EXPO

황해도
경기도
강원특별자치도
충청북도
충청남도
세종특별자치시
대전광역시
경상북도
대구광역시
전북특별자치도
경상남도
울산광역시
부산광역시
광주광역시
전라남도
제주특별자치도
인천광역시
서울특별시
동해
서해
(황해)
남해
대한해협
제주해협
용대(인제)
복주산(철원)
용화산(춘천)
화천숲속(화천)
미천골(양양)
방태산(인제)
삼봉(홍천)
운악산(포천)
아세안(양주)
대관령(강릉)
유명산(가평)
산음(양평)
두타산(평창)
중미산(양평)
청태산(횡성)
가리왕산(정선)
무의도(인천)
백운산(원주)
검봉산(삼척)
청옥산(봉화)
통고산(울진)
황정산(단양)
용현(서산)
상당산성(청주)
대야산(문경)
검마산(영양)
칠보산(영덕)
속리산말티재(보은)
오서산(보령)
희리산(서천)
김천숲속(김천)
덕유산(무주)
운장산(진안)
신시도(군산)
운문산(청도)
변산(부안)
회문산(순창)
신불산(울산 울주)
방장산(장성)
지리산(함양)
달음산(부산 기장)
용지봉(김해)
낙안민속(순천)
남해편백(남해)
천관산(장흥)
진도(진도)
울릉도
범 례
자연휴양림
고속도로
분기점
국도
도계
도청소재지
시청소재지
군청소재지
읍소재지
0
15
30km

	휴 양 림	주 소	객 실	야영장	수용인원	이용안내	찾아보기
경 기 도	산음(양평)자연휴양림(2000년 개장)	경기도 양평군 단월면 고북길 347	47개	43개	1일 400명~440명	031-774-8133	12P B2
	아세안(양주)자연휴양림(2015년개장)	경기도 양주시 백석읍 기산로 472	23개	없음	1일 100명~110명	031-871-2796	5P B5
	운악산(포천)자연휴양림(2007년개장)	경기도 포천시 화현면 화동로 184	24개	없음	1일 150명~190명	031-534-6330	5P F4
	유명산(가평)자연휴양림(1989년개장)	경기도 가평군 설악면 유명산길 79-53	54개	99개	1일 800명~810명	031-589-5487	12P B2
	중미산(양평)자연휴양림(1991년개장)	경기도 양평군 옥천면 중미산로 1152	15개	38개	1일 290명~300명	031-771-7166	12P B2
	무의도(인천)자연휴양림(2022년개장)	인천광역시 중구 하나개로 74	20개	없음	1일 80명~90명	032-751-0426	10P B3
강원특별자치도	가리왕산(정선)자연휴양림(1993년개장)	강원특별자치도 정선군 정선읍 가리왕산로 791	24개	35개	1일 220명~240명	033-562-5833	14P A3
	검봉산(삼척)자연휴양림(2008년개장)	강원특별자치도 삼척시원덕읍 임원안길 525-145	16개	22개	1일 200명~230명	033-574-2553	15P E4
	대관령(강릉)자연휴양림(1989년개장)	강원특별자치도 강릉시 성산면 삼포암길 133	37개	30개	1일 370명~390명	033-641-9990	15P C1
	두타산(평창)자연휴양림(2008년개장)	강원특별자치도 평창군 진부면 아차골길 132	21개	20개	1일 200명~210명	033-334-8815	14P A2
	미천골(양양)자연휴양림(1993년개장)	강원특별자치도 양양군 서면 미천골길 115	23개	47개	1일 500명~510명	033-673-1806	8P C4
	방태산(인제)자연휴양림(1997년개장)	강원특별자치도 인제군 기린면 방태산길 241	*휴양림 시설물 보수 공사중			033-463-8590	8P B4
	백운산(원주)자연휴양림(2006년개장)	강원특별자치도 원주시 판부면 백운산길 81	20개	없음	1일 100명~120명	033-766-1063	13P D4
	복주산(철원)자연휴양림(2003년개장)	강원특별자치도 철원군 근남면 하오재로 818	24개	없음	1일 120명~130명	033-458-9426	6P B2
	삼봉(홍천)자연휴양림(1992년개장)	강원특별자치도 홍천군 내면 삼봉휴양길 276	25개	17개	1일 230명~250명	033-435-8536	8P B4
	용대(인제)자연휴양림(1994년개장)	강원특별자치도 인제군 북면 연화동길 7	25개	10개	1일 150명~160명	033-462-5031	8P B1
	용화산(춘천)자연휴양림(2006년개장)	강원특별자치도 춘천시 사북면 사여골길 294	23개	30개	1일 300명~320명	033-243-9261	6P C3
	청태산(횡성)자연휴양림(1993년개장)	강원특별자치도 횡성군 둔내면 청태산로 610	44개	28개	1일 430명~450명	033-343-9707	13P F2
	화천숲속(화천)야영장(2018년개장)	강원특별자치도 화천군 간동면 배후령길 1144	없음	43개	1일 240명~260명	033-441-4466	6P C3
충청북도	상당산성(청주)자연휴양림(2012년개장)	충북 청주시 청원구 내수읍 덕암2길 162	34개	없음	1일 160명~180명	043-216-0052	18P B4
	속리산말티재(보은)자연휴양림(2002년개장)	충북 보은군 장안면 속리산로 256	25개	없음	1일 120명~130명	043-543-6282	24P C1
	황정산(단양)자연휴양림(2007년개장)	충북 단양군 대강면 황정산로 239-11	27개	8개	1일 200명~210명	043-421-0608	19P F3
충청남도	오서산(보령)자연휴양림(2001년개장)	충남 보령시 청라면 오서산길 531	30개	8개	1일 150명~160명	041-936-5465	22P C1
	용현(서산)자연휴양림(2005년개장)	충남 서산시 운산면 마애삼존불길 339	23개	20개	1일 230명~240명	041-664-1971	16P C3
	희리산(서천)자연휴양림(1999년개장)	충남 서천군 종천면 희리산길 206	33개	62개	1일 600명~620명	041-953-2230	22P C4
전북특별자치도	덕유산(무주)자연휴양림(1993년개장)	전북특별자치도 무주군 무풍면 구천동로 530-62	34개	28개	1일 320명~330명	063-322-1097	30P C1
	변산(부안)자연휴양림(2014년개장)	전북특별자치도 부안군 변산면 변산로 3768	51개	없음	1일 240명~250명	063-581-9977	28P B3
	운장산(진안)자연휴양림(2000년개장)	전북특별자치도 진안군 정천면 휴양림길 77	29개	20개	1일 270명~280명	063-432-1193	30P A1
	회문산(순창)자연휴양림(1993년개장)	전북특별자치도 순창군 구림면 안심길 214	17개	21개	1일 210명~230명	063-653-4779	29P E4
	신시도(군산)자연휴양림(2021년개장)	전북특별자치도 군산시 옥도면 신시도길 271	53개	없음	1일 210명~220명	063-464-5580	28P B1
전라남도	낙안민속(순천)자연휴양림(2004년개장)	전남 순천시 낙안면 민속마을길 1600	23개	없음	1일 100명~110명	061-754-4400	36P B4
	방장산(장성)자연휴양림(2000년개장)	전남 장성군 북이면 방장로 353	20개	없음	1일 110명~120명	061-394-5523	28P C4
	진도(진도)자연휴양림(2017년개장)	전남 진도군 임회면 동령개길 1-92	26개	없음	1일 160명~170명	061-542-2346	40P C3
	천관산(장흥)자연휴양림(1995년개장)	전남 장흥군 관산읍 칠관로 842-1150	12개	13개	1일 140명~150명	061-867-6974	42P A2
경상북도	검마산(영양)자연휴양림(1997년개장)	경북 영양군 수비면 검마산길 191	16개	24개	1일 200명~210명	054-682-9009	21P E3
	김천숲속(김천)야영장(2024년개장)	경북 김천시 대덕면 조룡길 865	없음	15개	1일 70명~80명	054-435-7257	24P C5
	대야산(문경)자연휴양림(2009년개장)	경북 문경시 가은읍 용추길 31-35	33개	8개	1일 240명~250명	054-571-7181	19P D4
	운문산(청도)자연휴양림(2000년개장)	경북 청도군 운문면 운문로 763	44개	25개	1일 380명~390명	054-373-1327	32P C3
	청옥산(봉화)자연휴양림(1991년개장)	경북 봉화군 석포면 청옥로 1552-163	15개	69개	1일 500명~510명	054-672-1051	21P D1
	칠보산(영덕)자연휴양림(1993년개장)	경북 영덕군 병곡면 칠보산길 587	41개	17개	1일 300명~310명	054-732-1607	21P F5
경상남도	통고산(울진)자연휴양림(1992년개장)	경북 울진군 금강송면 불영계곡로 880	24개	24개	1일 230명~240명	054-783-3167	21P E2
	달음산(부산 기장)자연휴양림(2018년개장)	부산광역시 기장군 일광읍 화용길 299-106	24개	없음	1일 110명~120명	051-722-3023	39P F1
	신불산(울산 울주)자연휴양림(1998년개장)	울산광역시 울주군 상북면 청수골길 175	41개	17개	1일 280명~290명	052-254-2123	32P C3
	지리산(함양)자연휴양림(1996년개장)	경남 함양군 마천면 음정길 152	36개	8개	1일 240명~250명	055-963-8133	30P B5
	남해편백(남해)자연휴양림(1998년개장)	경남 남해군 삼동면 금암로 658	38개	10개	1일 250명~270명	055-867-7881	37P F5
	용지봉(김해)자연휴양림(2022년개장)	경남 김해시 대청계곡길 170-36	16개	없음	1일 60명~70명	055-326-0133	39P D2

※이용시간: 숙박시설(당일15:00 ~ 익일12:00), 일일개장(09:00 ~ 18:00)

경기도	5일장	장날	주소
가평군	가평정기5일시장	5, 10	경기도 가평군 가평읍 장터2길 10
	설악5일시장	1, 6	경기도 가평군 설악면 신천중앙로
	청평5일시장	2, 7	경기도 가평군 청평면 시장중앙로 19
	현리정기5일시장	4, 9	경기도 가평군 조종면 현창로38번길 24
광주시	경안시장	3, 8	경기도 광주시 경안로25번길 10-3
김포시	김포5일장	2, 7	경기도 김포시 김포대로 955
	하성(마송)5일장	4, 9	경기도 김포시 하성면 태산로 9-15
	양곡5일장	1, 6	경기도 김포시 양촌읍 양곡로 532번길 24
	마송(통진)5일장	3, 8	경기도 김포시 통진읍 서암로 98
동두천시	동두천큰시장	5, 10	경기도 동두천시 큰시장로 54-1
안성시	안성시장	2, 7	경기도 안성시 시장길 37
	죽산시장	5, 10	경기도 안성시 죽산면 중서길 8-9
양주시	가납시장	4, 9	경기도 양주시 광적면 가래비7길 5
	덕정시장	2, 7	경기도 양주시 덕정4길
	신산시장	2, 7	경기도 양주시 남면 개나리길 79-6
양평군	양수리전통시장(구:양서시장)	1, 6	경기도 양평군 양서면 양수로150번길
	양평물맑은시장	3, 8	경기도 양평군 양평읍 양평장터길 15
	용문천년시장	5, 10	경기도 양평군 용문면 용문시장1길 8
여주시	여주5일장	5, 10	경기도 여주시 여흥로 11번길 53
	가남5일장	1, 6	경기도 여주시 가남읍 태평중앙1길
	대신장	4, 9	경기도 여주시 대신면 여양로 1458
연천군	연천5일장	2, 7	경기도 연천군 연천읍 연천로252번길 9-8
	전곡5일장	4, 9	경기도 연천군 전곡읍 평화로629번길 45
용인특례시	백암5일장	1, 6	경기도 용인특례시 처인구 백암면 백암로201번길 11
	용인중앙시장	5, 10	경기도 용인특례시 처인구 금령로107번길 13(김량장동)
이천시	관고전통시장	2, 7	경기도 이천시 중리천로31번길 22(관고동)
	장호원재래시장	4, 9	경기도 이천시 장호원읍 서동대로8965번길 36
파주시	광탄(신산)시장	5, 10	경기도 파주시 광탄면 혜음로 1120번길 7
	금촌장	1, 6	경기도 파주시 금정24길 17
	법원5일장	3, 8	경기도 파주시 법원읍 사임당로 876
	문산5일장	4, 9	경기도 파주시 문산읍 문향로 10-23
	봉일천5일장	2, 7	경기도 파주시 조리읍 봉천로 33-1
	적성전통시장	5, 10	경기도 파주시 적성면 청송로 1023
평택시	서정5일장	2, 7	경기도 평택시 서정역로55번길 29(서정동)
	송북시장(구:송천시장)	4, 9	경기도 평택시 탄현로346번길 24(지산동)
	안중5일장	1, 6	경기도 평택시 안중읍 안현로서3길 29
	통복5일장	5, 10	경기도 평택시 통복시장로25번길 10(통복동)
	팽성(안정)5일장	3, 8	경기도 평택시 팽성읍 안정쇼핑로 35
포천시	신읍5일장	5, 10	경기도 포천시 군내면 호국로 1553
	송우5일장	4, 9	경기도 포천시 소흘읍 송우로 21번길 11
	내리5일장	1, 6	경기도 포천시 내촌면 내촌로 54
	양문5일장	4, 9	경기도 포천시 영중면 양문로9길 7
	일동5일장	2, 7	경기도 포천시 일동면 화동로 1090-14
	이동5일장	3, 8	경기도 포천시 이동면 장암1길 14-1
	운천5일장	4, 9	경기도 포천시 영북면 영북로203번길 15-3
	관인5일장	2, 7	경기도 포천시 관인면 관인로 18
화성시	남양시장	1, 6	경기도 화성시 남양읍 남양시장로 69
	발안시장	5, 10	경기도 화성시 향남읍 평2길 7(발안만세시장)
	사강시장	2, 7	경기도 화성시 송산면 사강로 189
	조암시장	4, 9	경기도 화성시 우정읍 조암남로 8

강원특별자치도	5일장	장날	주소
강릉시	주문진장	1,6	강원특별자치도 강릉시 주문진읍 구시장길 4-1
	강릉장	2,7	강원특별자치도 강릉시 가작로 235 (포남동)
	옥계장	4,9	강원특별자치도 강릉시 옥계면 현내뒷길 10
고성군	거진장	1,6	강원특별자치도 고성군 거진읍 등대길 6-3
	간성장	2,7	강원특별자치도 고성군 간성읍 남천마루2길 6-14
	대진장	5,10	강원특별자치도 고성군 현내면 대진항길 141
동해시	북평장	3,8	강원특별자치도 동해시 대동로 138 (북평동)
삼척시	근덕장	1,6	강원특별자치도 삼척시 근덕면 교가길 19
	삼척장	2,7	강원특별자치도 삼척시 진주로 12-21 (남양동)
	도계장	4,9	강원특별자치도 삼척시 도계읍 흥전길 120-26
	호산장	5,10	강원특별자치도 삼척시 원덕읍 호산해변길 188-24
양구군	양구5일장	5,10	강원특별자치도 양구군 양구읍 양남로 11-20
양양군	양양장	4,9	강원특별자치도 양양군 양양읍 양양로 72
영월군	주천장	1,6	강원특별자치도 영월군 주천면 송학주천로 1505
	덕포장	4,9	강원특별자치도 영월군 영월읍 영월로 2289
	영월읍장	4,9	강원특별자치도 영월군 영월읍 동강로 167
원주시	풍물장	2,7	강원특별자치도 원주시 학성철길 7 (평원동)
	문막장	3,8	강원특별자치도 원주시 문막읍 명봉산길 46-17
인제군	천도장	1,6	강원특별자치도 인제군 서화면 천도로148번길 12
	원통장	2,7	강원특별자치도 인제군 북면 어두원길 598
	신남장	4,9	강원특별자치도 인제군 남면 신남로 199
	현리장	5,10	강원특별자치도 인제군 기린면 두루미길 42
	인제장	4,9	강원특별자치도 인제군 인제읍 인제로241번길 29
정선군	여량장	1,6	강원특별자치도 정선군 여량면 고양로 5
	정선장	2,7	강원특별자치도 정선군 정선읍 봉양7길 39
	증산장	4,9	강원특별자치도 정선군 남면 민둥산로 15
	임계장	5,10	강원특별자치도 정선군 임계면 안검무길 98
철원군	와수장	1,6	강원특별자치도 철원군 서면 와수리일원
	동송장	5,10	강원특별자치도 철원군 동송읍 이평로111번길 40
	신철원장	3,8	강원특별자치도 철원군 갈말읍 갈말로 13 (신철원리 일원)
춘천시	풍물장	2,7	강원특별자치도 춘천시 공지로 216 (효자동)
태백시	철암장	10,20,30	강원특별자치도 태백시 동태백로 428 (철암동)
	통리장	5,15,25	강원특별자치도 태백시 통리재길 6-16 (통동)
평창군	미탄장	1,6	강원특별자치도 평창군 미탄면 창절터길 190
	봉평장	2,7	강원특별자치도 평창군 봉평면 기풍로 198
	계촌장	2,7	강원특별자치도 평창군 방림면 감동지길 162-17
	진부장	3,8	강원특별자치도 평창군 진부면 진부로 9-12
	대화장	4,9	강원특별자치도 평창군 대화면 던짓골길 486-37
	평창장	5,10	강원특별자치도 평창군 평창읍 평창중앙로 158-8
홍천군	홍천장	1,6	강원특별자치도 홍천군 홍천읍 홍천로8길 17
	서석장	4,9	강원특별자치도 홍천군 서석면
	양덕원장	4,9	강원특별자치도 홍천군 남면
	창촌장	5,10	강원특별자치도 홍천군 내면
횡성군	안흥장	3,8	강원특별자치도 횡성군 안흥면 안흥로 64
	우시장	1,6	강원특별자치도 횡성군 횡성읍 우시장길 27
	둔내장	5,10	강원특별자치도 횡성군 둔내면 둔내로51번길 13-2
화천군	화천장	3,8	강원특별자치도 화천군 화천읍 상승로1길 16
	사창장	5,10	강원특별자치도 화천군 사내면 솔대길 84

충청북도	5일장	장날	주소
괴산군	괴산시장	3,8	충청북도 괴산군 괴산읍 동부리518-1
	목도시장	4,9	충청북도 괴산군 불정면 목도리301-5
	연풍시장	2,7	충청북도 괴산군 연풍면 행촌리일원
	청천시장	5,10	충청북도 괴산군 청천면 청천리62-43
단양군	단양구경시장	1,6	충청북도 단양군 단양읍 도전리615
	매포시장	4,9	충청북도 단양군 매포읍 평동리1149
	영춘시장	3,8	충청북도 단양군 영춘면 상리409
보은군	관기전통시장	4,9	충청북도 보은군 마로면 관기리 293
	보은전통시장	1,6	충청북도 보은군 보은읍 삼산리 137-1
	원남전통시장	3,8	충청북도 보은군 삼승면 원남리 190
	회인전통시장	4,9	충청북도 보은군 회북면 중앙리 59-15
	보은종합시장	1,6	충청북도 보은군 보은읍 삼산리135
영동군	영동중앙시장	4,9	충청북도 영동군 영동읍 계산리693-27
	영동전통시장	4,9	충청북도 영동군 영동읍 계산리694-13
	용산시장	5,10	충청북도 영동군 용산면 구촌리 383-49
	황간시장	2,7	충청북도 영동군 황간면 남성리 529외2필
	상촌시장	1,6	충청북도 영동군 상촌면 임산리 328-5
	학산시장	3,8	충청북도 영동군 학산면 서산리 921-1
옥천군	옥천공설시장	5,10	충청북도 옥천군 옥천읍 금구리5-68
	청산전통시장	2,7	충청북도 옥천군 청산면 지전리80-4
음성군	감곡시장	3,8	충청북도 음성군 감곡면 왕장리454
	무극시장	5,10	충청북도 음성군 금왕읍 무극리235-9
	대소시장	3,8	충청북도 음성군 대소면 오산리127-6
	삼성(덕정)시장	1,6	충청북도 음성군 삼성면 덕정리525
	음성시장	2,7	충청북도 음성군 음성읍 시장로117번길6
진천군	운수대통! 생거진천전통시장	5,10	충청북도 진천군 진천읍 원덕로 390
	진천중앙시장	5,10	충청북도 진천군 진천읍 중앙동6길 일원
	덕산시장	4,9	충청북도 진천군 덕산읍 용몽리587
	광혜원시장	3,8	충청북도 진천군 광혜원면 광혜원리262-3
	이월시장	2,7	충청북도 진천군 이월면 송림리
제천시	역전한마음	3,8	충청북도 제천시 내토로28길12(화산동)
	덕산시장	4,9	충청북도 제천시 덕산면 약초로3안길5-1
	박달재전통시장	1,6	충청북도 제천시 백운면 평동로2길13
	풍물시장	3,8	충청북도 제천시 의림대로2길 31-2(화산동)
증평군	증평장뜰시장	1,6	충청북도 증평군 증평읍 중동리 일원
충주시	자유시장	5,10	충청북도 충주시 충인동325
	연수종합상가	4,9	충청북도 충주시 연수동547-6
	주덕시장	1,6	충청북도 충주시 주덕읍 신양리
	엄정시장	3,8	충청북도 충주시 엄정면 내창로191-1
	수안보시장	3,8	충청북도 충주시 수안보면 온천리
	목행시장	2,7	충청북도 충주시 목행동 676-44일원
	풍물시장	5,10	충청북도 충주시 충의동
청주시	육거리종합시장	2,7	충청북도 청주시 상당구 석교동 126-38
	내수전통시장	5,10	충청북도 청주시 청원구 내수읍 마산리
	오창전통시장	3,8	충청북도 청주시 청원구 오창읍 장대리 294
	문의전통시장	1,6	충청북도 청주시 상당구 문의면 미천리
	미원전통시장	4, 9	충청북도 상당구 미원면 미원2리 433-13
	옥산전통시장	3, 8	충청북도 흥덕구 옥산면 오산리 211

※장날(2, 7) 숫자는 장이 열리는 날로써, 매월 2일, 7일, 12일, 17일, 22일, 27일 입니다.

충청남도	5 일 장	장날	주 소
공 주 시	산성시장	1, 6	충청남도 공주시 용담길 20
	유구시장	3, 8	충청남도 공주시 유구읍 시장길 33-12
금 산 군	금산시장	2, 7	충청남도 금산군 금산읍 건삼전길 45
	마전시장	4, 9	충청남도 금산군 추부면 하마전로 9
논 산 시	화지·중앙시장	3, 8	충청남도 논산시 대화로 78
	양촌시장	2, 7	충청남도 논산시 양촌면 인천리 379-3
	연무안심시장	5, 10	충청남도 논산시 연무읍 연무로 178번길 10
	연산시장	5, 10	충청남도 논산시 연산면 연산4길 10-7
당 진 시	당진정기시장	5, 10	충청남도 당진시 시장길 109
	신평시장	2, 7	충청남도 당진시 신평면 신평로 812-31
	합덕시장	1, 6	충청남도 당진시 합덕읍 버그내2길 128-25
보 령 시	동부시장	3, 8	충청남도 보령시 구상가길 14-1
	웅천시장	2, 7	충청남도 보령시 웅천읍 장터중앙길 103
	중앙시장	3, 8	충청남도 보령시 중앙시장2길 18
	한내시장	3, 8	충청남도 보령시 상설시장길 8
	현대상가시장	3, 8	충청남도 보령시 대흥로 16
부 여 군	부여시장	5, 10	충청남도 부여군 부여읍 성왕로173번길 12
	외산시장	4, 9	충청남도 부여군 외산면 외산로 106-10
	은산시장	1, 6	충청남도 부여군 은산면 충의로 680
	임천시장	4, 9	충청남도 부여군 임천면 성흥로 99-1
	홍산시장	2, 7	충청남도 부여군 홍산면 홍산시장로 43-3
서 산 시	동부시장	2, 7	충청남도 서산시 시장3길 5-6
	해미시장	5, 10	충청남도 서산시 해미면 읍성마을 4길 17-2
서 천 군	판교시장	5, 10	충청남도 서천군 판교면 종판로887번길 26-8
	한산시장	1, 6	충청남도 서천군 한산면 충절로1173번길 22
	비인시장	4, 9	충청남도 서천군 비인면 비인로149번길 12
아 산 시	둔포시장	2, 7	충청남도 아산시 둔포면 둔포면로 33
	온양온천시장	4, 9	충청남도 아산시 시장길 39
	온양온천역 풍물장	4, 9	충청남도 아산시 온천대로 1496
예 산 군	고덕시장	3, 8	충청남도 예산군 광시면 대천3길 30
	광시시장	3, 8	충청남도 예산군 광시면 광시소길 6
	덕산시장	4, 9	충청남도 예산군 덕산면 읍내북문 14-1
	삽교시장	2, 7	충청남도 예산군 삽교읍 두리2길 57-1
	역전시장	3, 8	충청남도 예산군 예산읍 역전로 84
	예산시장	5, 10	충청남도 예산군 예산읍 형제고개로 967
천 안 시	병천시장	1, 6	충청남도 천안시 동남구 병천면 병천2로 7 일원
	성환시장	4, 9	충청남도 천안시 서북구 성환읍 성환시장길 12
	입장시장	4, 9	충청남도 천안시 서북구 입장면 입장시장3길 8-2
청 양 군	정산정기시장	5, 10	충청남도 청양군 정산면 정현길 54
	청양시장	2, 7	충청남도 청양군 청양읍 칠갑산로 230
홍 성 군	갈산정기시장	3, 8	충청남도 홍성군 갈산면 갈산로120번길 10
	광천정기시장	4, 9	충청남도 홍성군 광천읍 광천로299번길 21
	홍성정기시장	1, 6	충청남도 홍성군 홍성읍 홍성천길 242

전북특별자치도	5 일 장	장날	주 소
고 창 군	고창시장	3, 8	전북특별자치도 고창군 시장안길
	무장시장	5, 10	전북특별자치도 고창군 무장면 왕제산로 725
	해리시장	4, 9	전북특별자치도 고창군 해리면 남시길 14
	흥덕시장	4, 9	전북특별자치도 고창군 흥덕면 흥덕시장길 3
	대산시장	2, 7	전북특별자치도 고창군 대산면 공음대산로 935
	상하시장	1, 6	전북특별자치도 고창군 상하면 명동1길 3
군 산 시	대야시장	1, 6	전북특별자치도 군산시 대야면 대야시장로 7-1
남 원 시	공설시장	4, 9	전북특별자치도 남원시 의총로 51
	운봉시장	1, 6	전북특별자치도 남원시 운봉읍 운성로 20
	인월시장	3, 8	전북특별자치도 남원시 인월면 인월로 65-3
무 주 군	반딧불장터	1, 6	전북특별자치도 무주군 무주읍 장터로2
	덕유산장터	3, 8	전북특별자치도 무주군 안성면 칠현로 38
	삼도봉장터	2, 7	전북특별자치도 무주군 설천면 삼도봉로 11
	대덕산장터	5, 10	전북특별자치도 무주군 무풍면 현내로 213
순 창 군	순창시장	1, 6	전북특별자치도 순창군 순창읍 남계로 58
	동계시장	2, 7	전북특별자치도 순창군 동계면 동계로 22
	복흥시장	3, 8	전북특별자치도 순창군 복흥면 정산2길 2
완 주 군	삼례시장	3, 8	전북특별자치도 완주군 삼례읍 남서신길 9-19
	봉동시장	5, 10	전북특별자치도 완주군 봉동읍 봉동동서로 134-5
	고산시장	4, 9	전북특별자치도 완주군 고산면 남봉로 134
	운주시장	1, 6	전북특별자치도 완주군 운주면 운주로 134-18
익 산 시	함열시장	2, 7	전북특별자치도 익산시 함열읍 와리2길8
	여산시장	1, 6	전북특별자치도 익산시 여산면 서촌2길 21
	금마시장	2, 7	전북특별자치도 익산시 금마면 금마4길 7
	황등시장	5, 10	전북특별자치도 익산시 황등면 황등7길 25
임 실 군	임실시장	1, 6	전북특별자치도 임실군 임실읍 운수로 26
	관촌시장	5, 10	전북특별자치도 임실군 관촌면 사선1길 70-3
	강진시장	2, 7	전북특별자치도 임실군 강진면 호국로 14-12
	신평시장	3, 8	전북특별자치도 임실군 신평면 석등슬치로 360-4
장 수 군	장수시장	5, 10	전북특별자치도 장수군 장수읍 시장로 11
	장계시장	3, 8	전북특별자치도 장수군 장계면 시장천변길 28
	산서시장	2, 7	전북특별자치도 장수군 산서면 보산로 1864-11
정 읍 시	신태인시장	3, 8	전북특별자치도 정읍시 신태인읍 시장2길 14
진 안 군	진안시장	4, 9	전북특별자치도 진안군 진안읍 시장1길 16

전라남도	5 일 장	장날	주 소
강 진 군	마량장	3, 8	전라남도 강진군 마량면 마량3길 4
	병영장	3, 8	전라남도 강진군 병영면 남삼인길 10-14
	강진장	4, 9	전라남도 강진군 강진읍 시장길 17-14
고 흥 군	동강장	1, 6	전라남도 고흥군 동강면 원유둔4길 14
	봉래장	2, 7	전라남도 고흥군 봉래면 신금리 878-1
	녹동장	3, 8	전라남도 고흥군 도양읍 녹동시장길 39
	도화장	3, 8	전라남도 고흥군 도화면 동신길 12
	고흥장	4, 9	전라남도 고흥군 고흥읍 시장길 1
	과역장	5, 10	전라남도 고흥군 과역면 과역리 165-4
곡 성 군	곡성장	3, 8	전라남도 곡성군 곡성읍 곡성로 856
	옥과장	4, 9	전라남도 곡성군 옥과면 리문8길 14
	석곡장	5, 10	전라남도 곡성군 석곡면 석곡리 204
광 양 시	광양장	1, 6	전라남도 광양시 광양읍 백운로 3
	진상장	3, 8	전라남도 광양시 진상면 학연로 1-2
	옥곡장	4, 9	전라남도 광양시 옥곡면 큰골1길 2-26
구 례 군	산동장	2, 7	전라남도 구례군 산동면 원촌1길 13
	구례장	3, 8	전라남도 구례군 구례읍 5일시장작은길 20
나 주 시	남평장	1, 6	전라남도 나주시 남평읍 지석로 21
	공산장	1, 6	전라남도 나주시 공산면 공산로 120
	세지장	2, 7	전라남도 나주시 세지면 오봉리 246-3
	다시장	3, 8	전라남도 나주시 다시면 다시로 197-
	목사고을	4, 9	전라남도 나주시 삼도동 1386-6
	영산포풍물장	5, 10	전라남도 나주시 풍물시장2길 12-14
담 양 군	담양장	2, 7	전라남도 담양군 담양읍 담주4길 40
	대전장	3, 8	전라남도 담양군 대전면 대치8길 28-12
	창평장	5, 10	전라남도 담양군 창평면 창평리 209
무 안 군	일로장	1, 6	전라남도 무안군 일로읍 시장길 11-22
	망운장	1, 6	전라남도 무안군 망운면 압창길 8-10
	무안장	4, 9	전라남도 무안군 무안읍 승달로 11
보 성 군	녹차골향토	2, 7	전라남도 보성군 보성읍 봉화로 53
	조성장	3, 8	전라남도 보성군 조성면 조성로 90-5
	벌교장	4, 9	전라남도 보성군 벌교읍 벌교리 899
	복내장	4, 9	전라남도 보성군 복내면 송재로 1838-12
	회천장	4, 9	전라남도 보성군 회천면 시장길 20-4
	득량장	5, 10	전라남도 보성군 득량면 예당중앙길 14-30
순 천 시	승주장	1, 6	전라남도 순천시 승주읍 승주장길 20
	아랫장	2, 7	전라남도 순천시 장평로 60
	주암장	3, 8	전라남도 순천시 주암면 주암호길 5
	별량장	3, 8	전라남도 순천시 별량면 별량장길 38
	괴목장	4, 9	전라남도 순천시 황전면 괴목길 11
	웃장	5, 10	전라남도 순천시 북문길 40
신 안 군	지도장	3, 8	전라남도 신안군 지도읍 읍내리 168-5
여 수 시	덕양장	3, 8	전라남도 여수시 소라면 하세동길 10
	서시장	4, 9	전라남도 여수시 좌수영로 16-6
영 암 군	시종장	2, 7	전라남도 영암군 시종면 내동중앙로 26-24
	구림장	2, 7	전라남도 영암군 군서면 도갑사로 2
	신북장	3, 8	전라남도 영암군 신북면 황금동로 74
	독천장	4, 9	전라남도 영암군 미암면 채지리 1014-2
	영암장	5, 10	전라남도 영암군 영암읍 오일시장길 28
완 도 군	노화장	2, 7	전라남도 완도군 노화읍 노화로870번길 35
	완도장	5, 10	전라남도 완도군 완도읍 군내리 1249-2
장 성 군	사가장	1, 6	전라남도 장성군 북이면 사거리 697-2
	사창장	2, 7	전라남도 장성군 삼계면 사창로 81-2
	황룡장	4, 9	전라남도 장성군 장성읍 삼월길 5
장 흥 군	용산장	1, 6	전라남도 장흥군 용산면 용인길 4
	장평장	1, 6	전라남도 장흥군 장평면 장택길 7
	회진장	1, 6	전라남도 장흥군 회진면 회진중앙길 9-13
	장흥토요	2, 7	전라남도 장흥군 장흥읍 토요시장1길 53
	관산장	3, 8	전라남도 장흥군 관산읍 옥당2길 2
	대덕읍	5, 10	전라남도 장흥군 대덕읍 거정2길 10
진 도 군	진도장	2, 7	전라남도 진도군 진도읍 남동1길 57-14
	임회장	4, 9	전라남도 진도군 임회면 석교리 245-1
	고군장	5, 10	전라남도 진도군 고군면 고성리 301
함 평 군	함평장	2, 7	전라남도 함평군 함평읍 시장길 105
	해보장	3, 8	전라남도 함평군 해보면 밀재로 1274-12
	나산장	4, 9	전라남도 함평군 나산면 삼축리 344
	월야장	5, 10	전라남도 함평군 월야면 밀재로 1510
해 남 군	해남장	1, 6	전라남도 해남군 해남읍 중앙2로 100-2
	산정장	2, 7	전라남도 해남군 송지면 산정1길 33
	남창장	2, 7	전라남도 해남군 북평면 달량진길 52-10
	좌일장	3, 8	전라남도 해남군 북일면 만월길 26-1

※장날(2, 7) 숫자는 장이 열리는 날로써, 매월 2일, 7일, 12일, 17일, 22일, 27일 입니다.

	남리장	3, 8	전라남도 해남군 황산면 남리리 7
	월송장	4, 9	전라남도 해남군 현산면 시등리길 46
	우수영장	4, 9	전라남도 해남군 문내면 우수영로 10-33
	화원	5, 10	전라남도 해남군 화원면 청룡길 15-12
화 순 군	춘양장	2, 7	전라남도 화순군 춘양면 강변길 19-2
	동복장	2, 7	전라남도 화순군 동복면 동복시장길 19
	화순장	3, 8	전라남도 화순군 화순읍 시장길 42
	이양장	4, 9	전라남도 화순군 이양면 이양로 29-29
	능주장	5, 10	전라남도 화순군 능주면 관동길 7
	사평(남면)장	5, 10	전라남도 화순군 사평면 사평길 24

경상북도	5 일 장	장날	주 소
대구광역시 군위군	군위시장	3, 8	대구광역시 군위군 군위읍 중앙5길 12-8
	소보시장	2, 7	대구광역시 군위군 소보면 송원3길 34
경 산 시	경산시장	5, 10	경상북도 경산시 경안로31길 19
	자인시장	3, 8	경상북도 경산시 자인면 자인로 198
	하양시장	4, 9	경상북도 경산시 하양읍 대학로 1543
경 주 시	성동시장	2, 7	경상북도 경주시 원화로281번길 11
	감포시장	3, 8	경상북도 경주시 감포읍 감포리 438-1
	산내시장	3, 8	경상북도 경주시 산내면 의곡중앙길 25-3
고 령 군	고령시장	4, 9	경상북도 고령군 대가야읍 시장3길 29
구 미 시	선산시장	2, 7	경상북도 구미시 선산읍 단계동길 24
김 천 시	황금시장	5, 10	경상북도 김천시 황금시장3길 11
	평화시장	5, 10	경상북도 김천시 김천로 100
문 경 시	중앙시장	3, 8	경상북도 문경시 중앙시장길 32-10
	문경시장	2, 7	경상북도 문경시 문경읍 문희로 41-19
	동로시장	3, 8	경상북도 문경시 동로면 여우목로 2788-1
봉 화 군	춘양시장	4, 9	경상북도 봉화군 춘양면 의양로2길 18
상 주 시	중앙시장	2, 7	경상북도 상주시 중앙시장길 1-16
	함창시장	1, 6	경상북도 상주시 함창읍 함창시장1길 45-14
	은척시장	4, 9	경상북도 상주시 은척면 봉중리 383-2
성 주 군	성주시장	2, 7	경상북도 성주군 성주읍 시장길 43-1
	벽진시장	3, 8	경상북도 성주군 벽진면 수촌리 810-1
안 동 시	중앙시장	2, 7	경상북도 안동시 중앙시장4길 26-14
	풍산시장	3, 8	경상북도 안동시 풍산읍 장터3길 1
영 덕 군	영덕시장	4, 9	경상북도 영덕군 영덕읍 남석리 25
	강구시장	3, 8	경상북도 영덕군 강구면 강구시장길 22
	영해시장	5, 10	경상북도 영덕군 영해면 성내리 468
영 양 군	영양시장	4, 9	경상북도 영양군 영양읍 시장5길 13
영 주 시	공설시장	5, 10	경상북도 영주시 구성로330번길 34-1
	풍기(인삼)시장	3, 8	경상북도 영주시 풍기읍 인삼로 8
영 천 시	영천시장	2, 7	경상북도 영천시 시장4길 52
	신녕시장	3, 8	경상북도 영천시 신녕면 본관시장길 3
예 천 군	상설시장	2, 7	경상북도 예천군 예천읍 상설시장1길 6
	풍양시장	3, 8	경상북도 예천군 풍양면 낙상2길 37-13
	용문시장	5, 10	경상북도 예천군 용문면 상금시장길 5-5
울 진 군	울진시장	2, 7	경상북도 울진군 울진읍 읍내1길 18
	죽변시장	5, 10	경상북도 울진군 죽변면 죽변중앙로 168-14
	후포시장	5, 10	경상북도 울진군 후포면 울진대게로 21
의 성 군	의성시장	2, 7	경상북도 의성군 의성읍 도동리 759-2
	안계시장	1, 6	경상북도 의성군 안계면 안계시장길 14-9
	단촌시장	5, 10	경상북도 의성군 단촌면 장터길 15
청 도 군	청도시장	4, 9	경상북도 청도군 청도읍 청도시장1길 13
	동곡시장	1, 6	경상북도 청도군 금천면 금천로 41-2
	이서시장	3, 8	경상북도 청도군 이서면 학산1길 51
청 송 군	청송시장	4, 9	경상북도 청송군 청송읍 현충로 106
	도평시장	5, 10	경상북도 청송군 현동면 도평2길 19
칠 곡 군	왜관시장	1, 6	경상북도 칠곡군 왜관읍 왜관리 211-240
	약목시장	3, 8	경상북도 칠곡군 약목면 복성리 949-1
	동명시장	4, 9	경상북도 칠곡군 동명면 금암4길 8
포 항 시	구룡포시장	3, 8	경상북도 포항시 남구 구룡포읍 호미로221번길 16-2
	죽장시장	3, 8	경상북도 포항시 북구 죽장면 새마을로3622번길 2

경상남도	5 일 장	장날	주 소
거 제 시	고현종합시장	5, 10	경상남도 거제시 거제중앙로 1883-2
거 창 군	가조공설시장	4, 9	경상남도 거창군 가조면 가조가야로 1110-13
	위천공설시장	2, 7	경상남도 거창군 위천면 장터길 47-1
고 성 군	고성시장	1, 6	경상남도 고성군 고성읍 중앙로25번길 57
	배둔시장	4, 9	경상남도 고성군 회화면 배둔로31번길 30
	영오시장	2, 7	경상남도 고성군 영오면 문산로 3
김 해 시	장유전통시장	3, 8	경상남도 김해시 장유로 287-22
	진례전통시장	5, 10	경상남도 김해시 진례면 송현로 6-1
	진영전통시장	4, 9	경상남도 김해시 진영읍 진영산복로115번길 9
남 해 군	고현시장	3, 8	경상남도 남해군 고현면 대사리 768
	남면시장	4, 9	경상남도 남해군 남면 남서대로 785-5
	남해읍시장	2, 7	경상남도 남해군 남해읍 화전로 110
	이동시장	5, 10	경상남도 남해군 이동면 무림리 1140-1
	지족시장	1, 6	경상남도 남해군 삼동면 동부대로1876번길 30-1
밀 양 시	내일전통시장	2, 7	경상남도 밀양시 상설시장3길18-6
	무안시장	1, 6	경상남도 밀양시 무안면 사명로502-12
	송백시장	5, 10	경상남도 밀양시 산내면 산내로344-1
	송지시장	4, 9	경상남도 밀양시 삼랑진읍 외송3길8-1
사 천 시	곤양종합시장	5, 10	경상남도 사천시 곤양면 남산로 65
	삼천포종합시장	4, 9	경상남도 사천시 동금2길15
	서포시장	4, 9	경상남도 사천시 서포면 자구로 473
	완사시장	1, 6	경상남도 사천시 곤명면 완사2길 12
산 청 군	단계시장	4, 9	경상남도 산청군 신등면 신차로 500-3
	단성시장	5, 10	경상남도 산청군 단성면 목화로 968번길 17
	덕산시장	4, 9	경상남도 산청군 시천면 남명로 188-5
	산청시장	1, 6	경상남도 산청군 산청읍 꽃봉산로91번길 23
	생초시장	3, 8	경상남도 산청군 생초면 생초로 35-30
	차황시장	5, 10	경상남도 산청군 차황면 친환경로3584번길 17
	화계시장	4, 9	경상남도 산청군 금서면 동의보감로 1067
양 산 시	남부시장	1, 6	경상남도 양산시 중앙로 133
	서창시장	4, 9	경상남도 양산시 서창 서2길 5
	석계시장	4, 9	경상남도 양산시 상북면 삼계4길2
	신평시장	3, 8	경상남도 양산시 하북면 신평강변3길11
	양산시장상가	1, 6	경상남도 양산시 장터3길 7
의 령 군	궁류시장	1, 6	경상남도 의령군 궁류면 궁류로1길 10
	신반시장	4, 9	경상남도 의령군 부림면 신반로7길 10
	의령시장	3, 8	경상남도 의령군 의령읍 의병로20길 19-2
진 주 시	금곡시장	1, 6	경상남도 진주시 금곡면 두문리 621-3
	대곡시장	1, 6	경상남도 진주시 대곡면 광석리 321-3
	문산시장	4, 9	경상남도 진주시 문산읍 소문리 112-6
	미천시장	5, 10	경상남도 진주시 미천면 안간리 480-1
	일반성시장	3, 8	경상남도 진주시 일반성면 창촌리 1962
창 녕 군	남지시장	2, 7	경상남도 창녕군 남지읍 본동길 4
	대합시장	2, 7	경상남도 창녕군 대합면 도장골길 4-13
	영산시장	5, 10	경상남도 창녕군 영산면 신영산로 56
	이방시장	4, 9	경상남도 창녕군 이방면 이방대합로 351
	창녕시장	3, 8	경상남도 창녕군 창녕읍 시장길 100
창원특례시	경화시장	3, 8	경상남도 창원특례시 진해구 경화시장로 35(병암동)
	대산가술시장	1, 6	경상남도 창원특례시 의창구 대산면 가술길 1번길 6-1
	마천시장	5, 10	경상남도 창원특례시 진해구 웅동로 57번가길 7(마천동)
	북면신촌시장	1, 6	경상남도 창원특례시 의창구 북면 천주로 1144-8(북면)
	상남시장	4, 9	경상남도 창원특례시 성산구 마디미로 28(상남동)
	소답시장	2, 7	경상남도 창원특례시 의창구 읍성로 33번길 8(북동)
	웅천시장	4, 9	경상남도 창원특례시 진해구 웅천중로 56번길 8(성내동)
통 영 시	중앙전통시장	2, 7	경상남도 통영시 중앙시장1길 14-16
하 동 군	계천공설시장	5, 10	경상남도 하동군 금남면 섬진강대로 977
	북천공설시장	4, 9	경상남도 하동군 북천면 경서대로 2439-1
	악양공설시장	1, 6	경상남도 하동군 악양면 악양동로 368
	옥종공설시장	3, 8	경상남도 하동군 옥종면 옥종시장길 5
	진교공설시장	3, 8	경상남도 하동군 진교면 선창길 24
	하동공설시장	2, 7	경상남도 하동군 하동읍 시장1길 16-5
	횡천공설시장	5, 10	경상남도 하동군 횡천면 문화2길 24
함 안 군	가야전통시장	5, 10	경상남도 함안군 가야읍 가야8길 8
	군북전통시장	4, 9	경상남도 함안군 군북면 중앙리 83-10
	대산전통시장	1, 6	경상남도 함안군 대산면 구혜리 221-3
	칠원전통시장	3, 8	경상남도 함안군 칠원읍 구성리 732
함 양 군	마천시장	5, 10	경상남도 함양군 천왕봉로 1144-2
	서상시장	4, 9	경상남도 함양군 서상로 266
	안의시장	5, 10	경상남도 함양군 약초시장길 25-10
	함양중앙상설시장	2, 7	경상남도 함양군 용평중앙길 20
합 천 군	(주)합천시장	3, 8	경상남도 합천군 합천읍 합천리 473-1
	가야시장	5, 10	경상남도 합천군 가야면 가야시장로 67-1
	대병시장	4, 9	경상남도 합천군 대병면 신성동길 6-14
	묘산시장	1, 6	경상남도 합천군 묘산면 묘산로 158-2
	삼가시장	2, 7	경상남도 합천군 삼가면 일부5길 1
	야로시장	2, 7	경상남도 합천군 야로면 야로시장길 7-5
	초계시장	5, 10	경상남도 합천군 초계면 초계중앙로 61

제주특별자치도	5 일 장	장날	주 소
제 주 시	제주민속5일시장	2, 7	제주특별자치도 제주시 도두일동 1212
	한림5일시장	4, 9	제주특별자치도 제주시 한림읍 대림리 1698-4
	세화5일시장	5, 10	제주특별자치도 제주시 구좌읍 세화리 1500-5
	함덕5일시장	1, 6	제주특별자치도 제주시 조천읍 함덕리 972-7
서귀포시	서귀포향토5일시장	4, 9	제주특별자치도 서귀포시 동홍동 774-3
	중문5일시장	3, 8	제주특별자치도 서귀포시 중문동 2133-1
	대정5일시장	1, 6	제주특별자치도 서귀포시 대정읍 하모리 1890-15
	고성5일시장	4, 9	제주특별자치도 서귀포시 성산읍 고성리 1180-4
	성산5일시장	1, 6	제주특별자치도 서귀포시 성산읍 성산리 186-1
	표선5일시장	2, 7	제주특별자치도 서귀포시 표선면 표선리 1002-1

※장날(2, 7) 숫자는 장이 열리는 날로써, 매월 2일, 7일, 12일, 17일, 22일, 27일 입니다.

찾아보기(INDEX)

시 · 군 · 읍 · 면명

※( )괄호 안은 면소재지 리명

서울특별시

종로구 ······ 67G1
중구 ······ 67H2
용산구 ······ 67H4
성동구 ······ 68D2
광진구 ······ 69F3
동대문구 ······ 68D1
중랑구 ······ 61F5
성북구 ······ 60B5
도봉구 ······ 52D5
강북구 ······ 60B2
노원구 ······ 53G5
은평구 ······ 59E3
서대문구 ······ 59F5
마포구 ······ 66C2
양천구 ······ 66A5
강서구 ······ 65G2
구로구 ······ 76B1
금천구 ······ 76C4
영등포구 ······ 66C6
동작구 ······ 67F6
서초구 ······ 78B3
강남구 ······ 68C5
송파구 ······ 69G6
강동구 ······ 65H3

부산광역시

중구 ······ 98C2
서구 ······ 98B2
동구 ······ 94D6
영도구 ······ 99E3
부산진구 ······ 94D3
동래구 ······ 89F6
연제구 ······ 95F2
남구 ······ 95F5
수영구 ······ 95G5
북구 ······ 93H1
사상구 ······ 93H4
해운대구 ······ 91C7
사하구 ······ 97G2
금정구 ······ 89F3
강서구 ······ 87G6
기장군(기장읍) ······ 90D3, 39F1
일광읍 ······ 39F1
장안읍 ······ 33E5
정관읍 ······ 33D5
철마면(와여) ······ 39F1

대구광역시

중구 ······ 105H1
동구 ······ 106B1
서구 ······ 105E1
남구 ······ 105G4
북구 ······ 102C3
달서구 ······ 104C4
수성구 ······ 106C4
달성군 ······ 32A5
논공읍 ······ 31F2
다사읍 ······ 31F1
옥포읍 ······ 31F2
유가읍 ······ 31F2
화원읍 ······ 31F1, 32A1
현풍읍 ······ 31F2
가창면(용계) ······ 32A2
구지면(창리) ······ 31F3
하빈면(현내) ······ 31F1
군위군 ······ 26A4
군위읍 ······ 26A3
부계면(창평) ······ 26A4
삼국유사면(구:고로면)(학성) ······ 26B4
소보면(송원) ······ 26A3
산성면(화본) ······ 26A4
우보면(이화) ······ 26A3
의흥면(읍내) ······ 26B3
효령면(중구) ······ 26A4

인천광역시

중구 ······ 68C4
동구 ······ 68D2
미추홀구 ······ 69F5
연수구 ······ 78D2
남동구 ······ 79G3
부평구 ······ 62B6
계양구 ······ 61H4
서구 ······ 61F4
강화군 ······ 4A6, 10C1
강화읍 ······ 4B5
교동면(대룡) ······ 4A5
길상면(온수) ······ 10C1
내가면(고천) ······ 4B5
불은면(두운) ······ 10C1
삼산면(석모) ······ 10B1
서도면(주문도) ······ 10A1
선원면(금월) ······ 4B5
송해면(솔정) ······ 4B5
양도면(하일) ······ 10A1
양사면(교산) ······ 4B5
하점면(신봉) ······ 4A5
화도면(상방) ······ 10B1
옹진군 ······ 10C4
대청면(대청) ······ 10A2
덕적면(진리) ······ 10B4
백령면(진촌) ······ 10A1
북도면(시도) ······ 10C2
연평면(연평) ······ 10B1
영흥면(내리) ······ 10D4
자월면(자월) ······ 10C4

광주광역시

동구 ······ 113E7
서구 ······ 113A7
남구 ······ 113C8
북구 ······ 112D2
광산구 ······ 110B4

대전광역시

동구 ······ 119E5
중구 ······ 119C8
서구 ······ 117E6
유성구 ······ 116C3
대덕구 ······ 118C4

울산광역시

동구 ······ 121G5
중구 ······ 123E2
남구 ······ 123E4
북구 ······ 123G1
울주군 ······ 120B5, 33E3
범서읍 ······ 33D3
삼남읍 ······ 33D4
언양읍 ······ 33D3
온산읍 ······ 33E4
온양읍 ······ 33E4
청량읍 ······ 33E4
두서면(인보) ······ 33D3
두동면(구미) ······ 33D3
삼동면(하잠) ······ 33D4
상북면(산전) ······ 33D3
서생면(신암) ······ 33E5
웅촌면(곡천) ······ 33D4

세종특별자치시

조치원읍 ······ 124C2
금남면(용포) ······ 125E8
부강면(부강) ······ 18A5
소정면(소정) ······ 17F4
연기면(연기) ······ 125C5
연동면(내판) ······ 125E5
연서면(성제) ······ 124B3
장군면(도계) ······ 125B8
전동면(노장) ······ 124B1
전의면(읍내) ······ 17F4

경 기 도

고양특례시 ······ 130~131, 11D1
과천시 ······ 133, 11E3
광명시 ······ 76A5, 11E3
광주시 ······ 143, 12A3
김포시 ······ 56B4, 137, 4B5, 10C
구리시 ······ 129, 11F2
군포시 ······ 134, 11E3
동두천시 ······ 128, 5E4
남양주시 ······ 129, 11F1
부천시 ······ 75E1, 11D2
성남시 ······ 138~139, 11F3
수원특례시 ······ 126~127, 11E4
시흥시 ······ 75G5, 140, 11D3
안산시 ······ 140~141, 11D4
안성시 ······ 145, 17E1, 18A1
안양시 ······ 132~133, 11E3
양주시 ······ 135, 5E5
여주시 ······ 135, 12C4
오산시 ······ 145, 11F5
용인특례시 ······ 142, 11F5, 12A4
이천시 ······ 143, 12B5
의정부시 ······ 128, 5E5
의왕시 ······ 133, 134, 11E3
파주시 ······ 136, 5D4
평택시 ······ 144, 17E2
포천시 ······ 135, 5F3
하남시 ······ 76C4, 11F2, 12A2
화성시 ······ 137, 11D5
가평군 ······ 6B4, 12B1
가평읍 ······ 6B5
북면(목동) ······ 6B4
상면(연하) ······ 6A5
설악면(신천) ······ 12B1
조종면(현리) ······ 6A4
청평면(청평) ······ 6A5
광주시 ······ 12A3
곤지암읍 ······ 12A3
초월읍 ······ 12A3
남종면(분원) ······ 12A2
남한산성면(광지원) ······ 11F3, 12A3
도척면(노곡) ······ 12A4
퇴촌면(광동) ······ 12A3
김포시 ······ 4B5, 10C
고촌읍 ······ 11D1
양촌읍 ······ 10C1
통진읍 ······ 10C1
대곶면(율생) ······ 10C1
월곶면(군하) ······ 4B5
하성면(마곡) ······ 4C5
남양주시 ······ 12A1
오남읍 ······ 11F1
와부읍 ······ 11F1, 12A1
진건읍 ······ 11F1
진접읍 ······ 11F1
퇴계원읍 ······ 11F1
화도읍 ······ 12A1
별내면(광전) ······ 11F1
수동면(운수) ······ 12A1
조안면(조안) ······ 12A2
안성시 ······ 17E1, 18A1
공도읍 ······ 17F1
고삼면(가유) ······ 18A1
금광면(내우) ······ 18A2
대덕면(건지) ······ 18A1
미양면(양지) ······ 18A2
보개면(불현) ······ 18A1
삼죽면(내강) ······ 18A1
서운면(인리) ······ 18A2
양성면(동항) ······ 18A1
원곡면(외가천) ······ 9H6
일죽면(송천) ······ 18B1
죽산면(죽산) ······ 18B1
양주시 ······ 5E5
백석읍 ······ 4E5
광적면(가납) ······ 4D5
남면(신산) ······ 5E4
은현면(선암) ······ 5E4
장흥면(일영) ······ 5E1
양평군 ······ 12B2
양평읍 ······ 12B2
강상면(교평) ······ 12B3
강하면(운심) ······ 12B3
개군면(하자포) ······ 12B3
단월면(보룡) ······ 12C2
서종면(문호) ······ 12A1
양동면(석곡) ······ 12C3
양서면(용담) ······ 12B2
옥천면(옥천) ······ 12B2
용문면(다문) ······ 12B2
지평면(지평) ······ 12C3
청운면(용두) ······ 12C2
여주시 ······ 12C4
가남읍 ······ 12C5
강천면(간매) ······ 12C4
금사면(이포) ······ 12B3
대신면(율촌) ······ 12B3
북내면(당우) ······ 12C3
세종대왕면(번도) ······ 12B4
산북면(상품) ······ 12B3
점동면(청안) ······ 12C5
흥천면(효지) ······ 12C3
연천군 ······ 5D2
연천읍 ······ 5E2
전곡읍 ······ 5E3
군남면(삼거) ······ 5E3
미산면(유촌) ······ 5E3
백학면(두일) ······ 5D3
신서면(도신) ······ 5E1
왕징면(무등) ······ 5D2
장남면(원당) ······ 5D3
중면(삼곶) ······ 5E2
청산면(초성) ······ 5E3
용인특례시 ······ 11F5, 12A4
남사읍 ······ 11F5
모현읍 ······ 11F4, 12A4
포곡읍 ······ 11F4, 12A4
이동읍 ······ 11F5, 12A5
백암면(백암) ······ 12B5
양지면(양지) ······ 12A5
원삼면(고당) ······ 12A5
이천시 ······ 12B5
부발읍 ······ 12B4
장호원읍 ······ 12C5
대월면(초지) ······ 12B5
마장면(오천) ······ 12A4
모가면(진가) ······ 12B5
백사면(현방) ······ 12B4
설성면(금당) ······ 18B1
신둔면(수광) ······ 10B3
율면(고당) ······ 18B1
호법면(후안) ······ 12A5
파주시 ······ 5D4
문산읍 ······ 4C4
법원읍 ······ 5D4
조리읍 ······ 5D5
파주읍 ······ 5D4
광탄면(신산) ······ 5D5
월롱면(위전) ······ 5D5
장단면(백연) ······ 4C4
적성면(마지) ······ 5D4
탄현면(축현) ······ 4C5
파평면(금파) ······ 5D4
평택시 ······ 136, 17E1
안중읍 ······ 17E2
팽성읍 ······ 17E2
포승읍 ······ 9F6
청북읍 ······ 17E1
고덕면(고덕동) ······ 17E1
서탄면(금암) ······ 17E1
오성면(숙성) ······ 17E1
진위면(봉남) ······ 17F1
현덕면(인광) ······ 17E2
포천시 ······ 5F3
소흘읍 ······ 5E5
가산면(마산) ······ 5F5
관인면(탄동) ······ 5F2
군내면(구읍) ······ 5F4
내촌면(내리) ······ 5F5
신북면(기지) ······ 5F4
영북면(운천) ······ 5F3
영중면(양문) ······ 5F3
이동면(장암) ······ 6A3
일동면(기산) ······ 6A4
창수면(주원) ······ 5F3
화현면(화현) ······ 5F4
화성시 ······ 11D5
남양읍 ······ 11D5
봉담읍 ······ 11E5
우정읍 ······ 17D1
향남읍 ······ 11E5
마도면(석교) ······ 11D5
매송면(어천) ······ 11E4
비봉면(양노) ······ 11E4
서신면(매화) ······ 11D5
송산면(삼존) ······ 11D5
양감면(신왕) ······ 17E1
장안면(사랑) ······ 17D1
정남면(신리) ······ 11E5
팔탄면(구장) ······ 11E5

강원특별자치도

강릉시 ······ 148, 9D5
동해시 ······ 149, 15D2
삼척시 ······ 149, 15D4
속초시 ······ 148, 8C2
원주시 ······ 147, 13D4
춘천시 ······ 146, 6C4
태백시 ······ 147, 15D5
고성군 ······ 9E2
간성읍 ······ 9E3
거진읍 ······ 9E2
죽왕면(오호) ······ 9F3
토성면(천진) ······ 9F3
현내면(대진) ······ 9E1
강릉시 ······ 9D5
주문진읍 ······ 9D4
강동면(상시동) ······ 9E5
구정면(여찬) ······ 9D5
사천면(미노) ······ 9D5
성산면(구산) ······ 9D5
연곡면(방내) ······ 9D5
옥계면(현내) ······ 15D1
왕산면(도마) ······ 14C1
삼척시 ······ 15D4
도계읍 ······ 15D4
원덕읍 ······ 15E5
가곡면(오저) ······ 15D5
근덕면(교가) ······ 15E4
노곡면(하월산) ······ 15D4
미로면(하거노) ······ 15D3
신기면(신기) ······ 15D4
하장면(광동) ······ 14C4
양구군 ······ 7D2
양구읍 ······ 7D2
국토정중앙면(구:남면)(용하) ······ 7E2
동면(임당) ······ 7E1
방산면(현리) ······ 7D1
해안면(현리) ······ 7E1
양양군 ······ 8C3
양양읍 ······ 8C2
강현면(정암) ······ 8C2
서면(상평) ······ 8C3
손양면(하왕도) ······ 8C3
현남면(인구) ······ 9D4
현북면(하광정) ······ 8C4
영월군 ······ 13F4, 14A5
상동읍 ······ 14C5
영월읍 ······ 14A5
김삿갓면(옥동) ······ 13B5
남면(연당) ······ 14A5
산솔면(구:중동면)(녹전) ······ 14B5
북면(마차) ······ 14A4
무릉도원면(무릉) ······ 13F4
주천면(주천) ······ 13F4
한반도면(신천) ······ 13F5
원주시 ······ 13D4
문막읍 ······ 12C4
귀래면(운남) ······ 13D5
부론면(법천) ······ 12C5
소초면(평장) ······ 13E3
신림면(신림) ······ 13E4
지정면(간현) ······ 13D3
판부면(관설동) ······ 13D4
호저면(주산) ······ 13D3
흥업면(흥업) ······ 13D4
인제군 ······ 7F2, 8A2
인제읍 ······ 8A3
기린면(현리) ······ 7F3
남면(신남) ······ 7F4
북면(원통) ······ 8F2
상남면(상남) ······ 8A4
서화면(천도) ······ 7F1
정선군 ······ 14B3
고한읍 ······ 14C5
사북읍 ······ 14C4
신동읍 ······ 14B4
정선읍 ······ 14A3
남면(문곡) ······ 14B4
북평면(북평) ······ 14B2
임계면(송계) ······ 14C2
여량면(여량) ······ 14B2
화암면(화암) ······ 14B4
철원군 ······ 5F1, 6A1
갈말읍 ······ 6A1
김화읍 ······ 6A1
동송읍 ······ 5F1
철원읍 ······ 6F1
근남면(육단) ······ 6B1
서면(자등) ······ 6B2
춘천시 ······ 6C4
신북읍 ······ 6C3
남면(발산) ······ 6C5
남산면(창촌) ······ 6C5
동내면(신촌) ······ 6C4
동면(지내) ······ 7D4
동산면(조양) ······ 6C4
북산면(오항) ······ 7D4
사북면(신포) ······ 6C3
서면(금산) ······ 6C4
신동면(증리) ······ 6C4
평창군 ······ 8C5, 14A2
평창읍 ······ 13F3, 14A3
대화면(대화) ······ 14A2
대관령면(횡계) ······ 14B1
미탄면(창리) ······ 14A4
방림면(방림) ······ 13F3
봉평면(창동) ······ 13F1
용평면(용전) ······ 14A1

진부면(하진부) ······ 14A1
홍천군 ······ 7E5, 13E1
홍천읍 ······ 13D1
남면(양덕원) ······ 13D2
내면(창촌) ······ 7F5
내촌면(도관) ······ 7E4
두촌면(자은) ······ 7E4
북방면(상화계) ······ 7D5
서면(반곡) ······ 12C1
서석면(풍암) ······ 7F5
영귀미면(구:동면)(속초) ······ 13D1
화촌면(성산) ······ 7D5
화천군 ······ 6C2
화천읍 ······ 6C2
간동면(유촌) ······ 7D3
사내면(사창) ······ 6B3
상서면(파포) ······ 6C2
하남면(원천) ······ 6C2
횡성군 ······ 13E2
횡성읍 ······ 13E2
갑천면(매일) ······ 13E2
강림면(강림) ······ 13E3
공근면(학담) ······ 13D2
둔내면(자포곡) ······ 13F2
서원면(창촌) ······ 13D2
안흥면(안흥) ······ 13E3
우천면(우항) ······ 13E3
청일면(유동) ······ 13E1

충청북도

제천시 ······ 153, 19E1
충주시 ······ 152, 19D1
청주시 ······ 150~151, 18B4
괴산군 ······ 18C3
괴산읍 ······ 19D3
감물면(광전) ······ 19D3
문광면(광덕) ······ 18C3
불정면(목도) ······ 19D2
사리면(사담) ······ 18C3
소수면(수리) ······ 18C3
연풍면(행촌) ······ 19E3
장연면(오가) ······ 19D3
청안면(읍내) ······ 18C3
청천면(청천) ······ 18C4
칠성면(도정) ······ 19D4
단양군 ······ 19F3, 20A1
단양읍 ······ 19F2
매포읍 ······ 19F1
가곡면(사평) ······ 20A1
단성면(상방) ······ 19F2
대강면(장림) ······ 19F3, 20A3
어상천면(임현) ······ 19F1
영춘면(상리) ······ 20A1
적성면(하리) ······ 19F2
보은군 ······ 18C5, 24C1
보은읍 ······ 24B1
내북면(창리) ······ 18C5
마로면(관기) ······ 24C1
속리산면(상판) ······ 19D5
산외면(구티) ······ 18C5
삼승면(원남) ······ 24B1
수한면(후평) ······ 24B1
장안면(장안) ······ 24C1
탄부면(하장) ······ 24C1
회남면(거교) ······ 24B1
회인면(중앙) ······ 24B1
영동군 ······ 24C3
영동읍 ······ 24C3
매곡면(노천) ······ 25D3
상촌면(임산) ······ 24C4
심천면(심천) ······ 24C3
양강면(괴목) ······ 24C3
양산면(가곡) ······ 24B1
용산면(구촌) ······ 24C3
용화면(용화) ······ 24C4
추풍령면(추풍령) ······ 25D3
학산면(서산) ······ 24C4
황간면(남성) ······ 24C3
옥천군 ······ 24B2
옥천읍 ······ 24B2
군북면(이백) ······ 24B2
군서면(동평) ······ 24B2
동이면(평산) ······ 24B2
안남면(연주) ······ 24B2
안내면(현리) ······ 24B1
이원면(강청) ······ 24B3
청산면(지전) ······ 24C2
청성면(산계) ······ 24B2
음성군 ······ 18B1
금왕읍 ······ 18B2
음성읍 ······ 18C2
감곡면(오향) ······ 18C1
대소면(오류) ······ 18B2
맹동면(쌍정) ······ 18B2
삼성면(덕정) ······ 18B1
생극면(신양) ······ 18C1
소이면(대장) ······ 18C2
원남면(보천) ······ 18C2
진천군 ······ 18B
덕산읍 ······ 18B2
진천읍 ······ 18B3
광혜원면(광혜원) ······ 18B2
문백면(옥성) ······ 18B3
백곡면(석현) ······ 18A2
이월면(노원) ······ 18B2
초평면(용정) ······ 18B3
제천시 ······ 13E5, 19E1
봉양읍 ······ 13E5
금성면(구룡) ······ 19E1
덕산면(도전) ······ 19E2
백운면(평동) ······ 13E58
송학면(시곡) ······ 13F5
수산면(수산) ······ 19E2
청풍면(물태) ······ 19E1
한수면(송계) ······ 19E2
증평군 ······ 18C3
증평읍 ······ 18C3
도안면(화성) ······ 18C3
충주시 ······ 19D1
주덕읍 ······ 18C1
금가면(도촌) ······ 19D1
노은면(연하) ······ 18C1
대소원면(대소) ······ 19D2
동량면(조동) ······ 19E1
신니면(용원) ······ 18C2
산척면(송강) ······ 19D1
살미면(세성) ······ 19E2
수안보면(온천) ······ 19E3
소태면(오량) ······ 13D5
중앙탑면(탑평) ······ 19D1
앙성면(용포) ······ 12C5
엄정면(용산) ······ 13D5
청주시 ······ 18B4
내수읍 ······ 18B4
오송읍 ······ 18A4
오창읍 ······ 18B4
가덕면(인차) ······ 18B5
강내면(탑연) ······ 18A5
남이면(척산) ······ 18B5
남일면(효촌) ······ 18B5
낭성면(이목) ······ 18C4
문의면(미천) ······ 18B5
미원면(미원) ······ 18C4
북이면(신대) ······ 18B3
옥산면(오산) ······ 18A4
현도면(선동) ······ 24A1

충청남도

계룡시 ······ 157, 21F3
공주시 ······ 156, 23E1
논산시 ······ 157, 23E3
당진시 ······ 156, 17D3
보령시 ······ 155, 22B2
서산시 ······ 155, 16B3
아산시 ······ 155, 17E3
천안시 ······ 154, 17F3
부여읍 ······ 157, 23D3
계룡시 ······ 21F3
두마면(두계) ······ 23F3
신도안면(남선) ······ 23F2
엄사면(엄사) ······ 23F3
공주시 ······ 17E5, 23E1
유구읍 ······ 17E5
계룡면(월암) ······ 23E2
반포면(공암) ······ 23F2
사곡면(호계) ······ 17F5
신풍면(산정) ······ 23D1
우성면(동대) ······ 23E1
의당면(청룡) ······ 17F5
이인면(이인) ······ 23E2
정안면(광정) ······ 17F5
탄천면(삼각) ······ 23E2
금산군 ······ 24A4
금산읍 ······ 24A4
군북면(두두) ······ 24A3
금성면(상가) ······ 24A4
남이면(하금) ······ 24A4
남일면(초현) ······ 24A4
복수면(곡남) ······ 24A3
부리면(현내) ······ 24B4
제원면(제원) ······ 24B4
진산면(읍내) ······ 23F4
추부면(마전) ······ 24A3
논산시 ······ 23E3
강경읍 ······ 23E3
연무읍 ······ 23E4
가야곡면(육곡) ······ 23E4
광석면(신당) ······ 23E3
노성면(읍내) ······ 23E2
벌곡면(한삼천) ······ 23F3
부적면(마구평) ······ 23E3
상월면(신충) ······ 23E2
성동면(원남) ······ 23E3
양촌면(인천) ······ 23F4
연산면(청동) ······ 23F3
은진면(연서) ······ 23E3
채운면(화산) ······ 23E4
당진시 ······ 17D3
송악읍 ······ 17D2
합덕읍 ······ 17D3
고대면(용두) ······ 17C2
대호지면(조금) ······ 16C2
면천면(성상) ······ 17D3
석문면(통정) ······ 16C1
송산면(상거) ······ 17D2
순성면(봉소) ······ 17D2
신평면(금천) ······ 17D2
우강면(송산) ······ 17D3
정미면(천의) ······ 16C3
보령시 ······ 22B2
웅천읍 ······ 22C3
남포면(옥서) ······ 22B2
미산면(내평) ······ 22C3
성주면(성주) ······ 22C2
오천면(소성) ······ 22B1
주교면(주교) ······ 22B2
주산면(야룡) ······ 22C3
주포면(보령) ······ 22C2
천북면(하만) ······ 22B1
청라면(나원) ······ 22C2
청소면(진죽) ······ 22C1
부여군 ······ 23D3
부여읍 ······ 23D3
구룡면(태양) ······ 23D3
규암면(규암) ······ 23D3
남면(회동) ······ 22C3
내산면(운치) ······ 22C3
석성면(증산) ······ 23E3
세도면(청송) ······ 23D3
양화면(입포) ······ 23D4
옥산면(안서) ······ 22C3
외산면(만수) ······ 22C2
은산면(신대) ······ 23D3
임천면(군사) ······ 24D4
장암면(석동) ······ 23D3
초촌면(응평) ······ 23E3
충화면(천당) ······ 23D4
홍산면(북촌) ······ 22C3
서산시 ······ 16B3
대산읍 ······ 16B2
고북면(가구) ······ 16D4
부석면(취평) ······ 16B4
성연면(평리) ······ 16C3
운산면(용장) ······ 16C3
음암면(도당) ······ 16C3
인지면(둔당) ······ 16B3
지곡면(화천) ······ 16B2
팔봉면(어송) ······ 16B3
해미면(읍내) ······ 16C4
서천군 ······ 22B4
장항읍 ······ 22C5
서천읍 ······ 22C4
기산면(화산) ······ 22C4
마산면(신장) ······ 22C4
마서면(계동) ······ 22C4
문산면(신농) ······ 22C4
비인면(성내) ······ 22B4
서면(신합) ······ 22B4
시초면(초현) ······ 22C4
종천면(화산) ······ 22C4
판교면(현암) ······ 22C4
한산면(지현) ······ 23D4
화양면(옥포) ······ 22C4
아산시 ······ 17D3
염치읍 ······ 17D3
배방읍 ······ 17E3
도고면(신언) ······ 17E4
둔포면(둔포) ······ 17F2
선장면(군덕) ······ 17E3
송악면(역촌) ······ 17E4
신창면(신달) ······ 17E3
영인면(아산) ······ 17E2
음봉면(삼거) ······ 17E3
인주면(밀두) ······ 17E3
탕정면(명암) ······ 17F3
예산군 ······ 17D4
삽교읍 ······ 17D4
예산읍 ······ 17D4
고덕면(대천) ······ 17D3
광시면(광시) ······ 17D5
대술면(화천) ······ 17E4
대흥면(동서) ······ 17D4
덕산면(신평) ······ 16C4
봉산면(고도) ······ 17D3
신암면(종경) ······ 17D4
신양면(신양) ······ 17E5
오가면(역탑) ······ 17D4
응봉면(노화) ······ 17D4
천안시 ······ 17F3, 18A3
목천읍 ······ 17F3
성거읍 ······ 17F2
성환읍 ······ 17F2
직산읍 ······ 17F3
광덕면(신흥) ······ 17F4
동면(화계) ······ 18A3
병천면(병천) ······ 18A3
북면(오곡) ······ 18A3
성남면(신사) ······ 18A4
수신면(속창) ······ 18A4
입장면(하장) ······ 18A2
풍세면(풍서) ······ 17F4
청양군 ······ 23D1
청양읍 ······ 22C1
남양면(구룡) ······ 22C2
대치면(주정) ······ 23D1
목면(안심) ······ 23D2
비봉면(녹평) ······ 22C1
운곡면(모곡) ······ 23D1
장평면(중추) ······ 23D2
정산면(서정) ······ 23D1
청남면(청소) ······ 23D2
화성면(산정) ······ 22C1
태안군 ······ 16A4
안면읍 ······ 16B5
태안읍 ······ 16B4
고남면(고남) ······ 22A1
근흥면(용신) ······ 16A4
남면(달산) ······ 16B4
소원면(신덕) ······ 16A3
원북면(반계) ······ 16A3
이원면(포지) ······ 16A2
홍성군 ······ 16C5, 22C
광천읍 ······ 22C1
홍성읍 ······ 17D5
홍북읍 ······ 17C4
갈산면(상촌) ······ 16C4
결성면(읍내) ······ 16C5
구항면(오봉) ······ 16C5
금마면(부평) ······ 17D5
서부면(이호) ······ 16C5
은하면(대천) ······ 16C5
장곡면(도산) ······ 17D5
홍동면(운월) ······ 17D5

전북특별자치도

군산시 ······ 160, 23D5
김제시 ······ 161, 29D1
남원시 ······ 162, 30A3
익산시 ······ 161, 23D4
전주시 ······ 158~159, 29E3
정읍시 ······ 162, 29D3
고창군 ······ 28B4
고창읍 ······ 28C4
고수면(봉산) ······ 28C5
공음면(칠암) ······ 28B5
대산면(매산) ······ 28B5
무장면(성내) ······ 28B4
부안면(중흥) ······ 28C4
상하면(하장) ······ 28B4
성내면(양계) ······ 28C4
성송면(판정) ······ 28C5
신림면(무림) ······ 28C4
심원면(월산) ······ 28B4
아산면(하갑) ······ 28B4
해리면(하련) ······ 28B4
흥덕면(동사) ······ 28C4
김제시 ······ 29D1
만경읍 ······ 29D1
공덕면(마현) ······ 29D1
광활면(옥포) ······ 28C1
금구면(금구) ······ 29E2
금산면(쌍용) ······ 29E2
백구면(반월) ······ 29D1
백산면(하정) ······ 29D2
봉남면(대송) ······ 29D2
부량면(대평) ······ 29D2
성덕면(석동) ······ 29D1
용지면(구암) ······ 29D1
죽산면(죽산) ······ 28C2
진봉면(고사) ······ 28C1
청하면(동지산) ······ 29D1
황산면(봉월) ······ 29D2
남원시 ······ 29F5, 30A4
운봉읍 ······ 30A4
금지면(옹정) ······ 29F5
대강면(사석) ······ 29F5
대산면(운교) ······ 29F5
덕과면(고정) ······ 29F4
인월면(서무) ······ 30B4
보절면(신파) ······ 30A4
사매면(오신) ······ 29F4
산내면(대정) ······ 30B5
산동면(태평) ······ 30A4
송동면(송기) ······ 29F5
수지면(호곡) ······ 29F5
아영면(청계) ······ 30B4
이백면(과립) ······ 30A5
주생면(제천) ······ 29F5
주천면(장안) ······ 30A5
무주군 ······ 24B5, 30B1
무주읍 ······ 24B1
무풍면(현내) ······ 24C5
부남면(대소) ······ 24B5
설천면(소천) ······ 24C5
안성면(장기) ······ 30B1
적상면(사천) ······ 24B5
부안군 ······ 28B3
부안읍 ······ 28C2
계화면(창북) ······ 28C2
동진면(봉황) ······ 28C2
백산면(덕신) ······ 28C2
변산면(지서) ······ 28B3
보안면(영전) ······ 28C3
상서면(가오) ······ 28C2
위도면(진리) ······ 28A3
주산면(갈촌) ······ 28C3
줄포면(줄포) ······ 28C3
진서면(곰소) ······ 28C3
하서면(언독) ······ 28B2
행안면(신기) ······ 28C2
순창군 ······ 29E4
순창읍 ······ 29E5
구림면(운남) ······ 29E4
금과면(매우) ······ 29E5
동계면(현포) ······ 29F4
복흥면(정산) ······ 29D4
쌍치면(쌍계) ······ 29D4
유등면(외이) ······ 29E5
인계면(도룡) ······ 29E5
적성면(고원) ······ 29E5
팔덕면(덕천) ······ 29E5
풍산면(반월) ······ 29E5
군산시 ······ 22D5
옥구읍 ······ 21C5
개정면(발산) ······ 21C5
나포면(옥곤) ······ 23D5
대야면(지경) ······ 22C5
서수면(서수) ······ 23D5
성산면(고봉) ······ 21C5
옥도면(금동) ······ 22B4
옥산면(옥산) ······ 23C5
옥서면(옥봉) ······ 22C5
임피면(읍내) ······ 23D5
회현면(대정) ······ 28C1
완주군 ······ 23F5, 29F1
봉동읍 ······ 23E5
삼례읍 ······ 29E1
용진읍 ······ 29E1
경천면(경천) ······ 23F5
고산면(읍내) ······ 23F5
구이면(원기) ······ 29E2
동상면(신월) ······ 23F5
비봉면(소농) ······ 23E5
상관면(신리) ······ 29F2
소양면(황운) ······ 29F1
운주면(장선) ······ 23F4
이서면(상개) ······ 29E1

화산면(화평)……23F4
익산시……23D4
함열읍……23D4
금마면(동고도)……23E5
낭산면(삼담)……23E4
망성면(신작)……23E4
삼기면(간촌)……23D4
성당면(장선)……23D4
여산면(여산)……23E4
오산면(오산)……23D5
왕궁면(흥암)……23E5
용동면(대조)……23D4
용안면(교동)……23D4
웅포면(웅포)……23D4
춘포면(춘포)……23E5
함라면(함열)……23D4
황등면(황등)……23D4
임실군……29F3
임실읍……29F3
강진면(갈담)……29E4
관촌면(관촌)……29F2
덕치면(회문)……29E4
삼계면(삼계)……29F4
성수면(양지)……29F3
신덕면(수천)……29E2
신평면(원천)……29F3
오수면(오수)……29F4
운암면(쌍암)……29E3
지사면(방계)……29F3
청웅면(구고)……29F3
장수군……30B3
장수읍……30B3
계남면(화음)……30B2
계북면(어전)……30B2
번암면(노단)……30B4
산서면(동화)……30A3
장계면(장계)……30B2
천천면(봉덕)……30A2
정읍시……29D3
신태인읍……29D2
감곡면(방교)……29D2
고부면(고부)……28C3
덕천면(우덕)……29D3
북면(한교)……29D3
산내면(능교)……29E3
산외면(평사)……29E3
소성면(등계)……28C3
영원면(은선)……28C3
옹동면(칠석)……29D3
이평면(두지)……29D3
입암면(천원)……28C4
정우면(초강)……29D3
칠보면(시산)……29D4
태인면(태창)……29D3
진안군……29F2, 30A1
진안읍……30A2
동향면(대량)……30B1
마령면(평지)……29F2
백운면(동창)……30A3
부귀면(거석)……29F1
상전면(주평)……30A1
성수면(외궁)……29F2
안천면(노성)……30B1
용담면(송풍)……24A5
정천면(봉학)……30A1
주천면(주양)……24A5

전라남도

나주시……165, 35F4
광양시……165, 37D3
목포시……163, 34C5
순천시……164, 36B4
여수시……166~167, 37D5, 43E1
강진군……41F2
강진읍……41F2
군동면(라천)……41F1
대구면(수동)……41F2
도암면(항촌)……41F2
마량면(마량)……41F2
병영면(성남)……41F1
성전면(월평)……41F1
신전면(수양)……41F2
옴천면(개산)……35E5
작천면(평리)……41F1
칠량면(영동)……41F2
고흥군……42C1
고흥읍……42C2
도양읍……42B2
과역면(과역)……42C1
금산면(대흥)……42B2
남양면(남양)……36B5
대서면(금마)……36B5
도덕면(도덕)……42B1
도화면(당오)……42C2
동강면(유둔)……36B5
동일면(백양)……43D2
두원면(용산)……42C1
봉래면(신금)……43D3
영남면(양사)……42C2
점암면(모룡)……42C1
포두면(길두)……42C2
풍양면(야막)……42B2
곡성군……36B2
곡성읍……36B1
겸면(남양)……36A1
고달면(목동)……36B1
목사동면(평리)……36B2
삼기면(원등)……36B1
석곡면(석곡)……36B2
오곡면(오지)……36B1
오산면(봉동)……36A1
옥과면(리문)……36A1
입면(매월)……36A1
죽곡면(태평)……36B2
광양시……37D3
광양읍……37D3
다압면(고사)……37D2
봉강면(봉당)……36C3
옥곡면(신금)……37D3
옥룡면(운평)……37D3
진상면(섬거)……37D3
진월면(선소)……37D2
구례군……36C1
구례읍……36C2
간전면(간문)……36C2
광의면(연파)……36C1
마산면(마산)……36C1
문척면(월전)……36C2
산동면(원촌)……30A5
용방면(용정)……36C1
토지면(구산)……36C1
나주시……35E3
남평읍……35F3
공산면(금곡)……35D4
금천면(오강)……35E3
노안면(금동)……35E2
다도면(신동)……35E4
다시면(월태)……35D3
동강면(인동)……35D4
문평면(안곡)……35E3
반남면(흥덕)……35E4
봉황면(죽석)……35E4
산포면(매성)……35E3
세지면(오봉)……35E4
왕곡면(덕산)……35E3
담양군……29D5, 35F1
담양읍……29D5
고서면(동운)……35A1
금성면(석현)……35E5
가사문학면(구:남면)(연천)……36A2
대덕면(매산)……36A1
대전면(대치)……35F1
무정면(봉안)……36A1
봉산면(신학)……35A1
수북면(수북)……35F1
용면(추성)……29E5
월산면(월산)……28D5
창평면(창평)……36A1
무안군……34C3
무안읍……35D3
삼향읍……34C4
일로읍……35D4
망운면(목동)……34C3
몽탄면(사천)……35D4
운남면(연리)……34C3
청계면(도림)……34C4
해제면(신정)……34C2
현경면(외반)……34C3
보성군……36B4
벌교읍……36B4
보성읍……36A5
겸백면(석호)……36A5
노동면(광곡)……36A5
득량면(오봉)……36A5
문덕면(운곡)……36B4
미력면(도개)……36A5
복내면(복내)……36A4
웅치면(중산)……42B1
율어면(문양)……36B4
조성면(조성)……36B4
회천면(율포)……42B1
순천시……36C3
승주읍……36C3
낙안면(동내)……36B4
별량면(봉림)……36C4
상사면(흘산)……36C4
서면(동산)……36C3
송광면(이읍)……36B3
외서면(화전)……36B4
월등면(대평)……36B2
주암면(광천)……36B3
해룡면(월전)……36C4
황전면(괴목)……36C2
신안군……34A3, 40B1
지도읍……34B3
압해읍……34C4
도초면(수항)……40A1
비금면(덕산)……34A5
신의면(상태동)……40B2
안좌면(읍동)……34B5
암태면(단고)……34B4
임자면(진리)……34B2
자은면(구영)……34A4
장산면(도창)……40C1
증도면(증동)……34B3
팔금면(읍리)……34B5
하의면(웅곡)……40B1
흑산면(진리)……34A1
여수시……37D5, 43E1
돌산읍……43E1
남면(우학)……43E2
삼산면(거문)……42C4, 43F5
소라면(덕양)……37D5
율촌면(조화)……36C5
화양면(나진)……43D1
화정면(백야)……43D1
영광군……28A5, 34C1
백수읍……34C1
영광읍……35D1
홍농읍……28A5
군남면(포천)……34C1
군서면(마읍)……35D1
낙월면(상낙월)……34B1
대마면(월산)……35D1
묘량면(영양)……35D1
법성면(법성)……28B5
불갑면(안맹)……35D1
염산면(봉남)……34C1
영암군……35D4
삼호읍……34C5
영암읍……35E4
군서면(월곡)……35D5
금정면(용흥)……35E4
덕진면(덕진)……35E4
도포면(구학)……35E4
미암면(춘동)……41D1
서호면(장천)……35D5
시종면(내동)……35D4
신북면(월평)……35E4
학산면(독천)……35D5
완도군……41F4, 42B4
금일읍……42B4
노화읍……41E5
완도읍……41E4
고금면(농상)……41F3
군외면(원동)……41E3
금당면(차우)……42B3
보길면(부황)……41E5
생일면(유서)……42A4
소안면(비자)……41E5
신지면(대곡)……41F4
약산면(장용)……42A3
청산면(도청)……41F5
장성군……28C5, 35E1
장성읍……28C5
남면(분향)……35E1
동화면(구림)……35E1
북이면(사거)……28C5
북일면(신흥)……28C5
북하면(약수)……29D5
삼계면(사창)……35E1
삼서면(대곡)……35E1
서삼면(장산)……28C5
진원면(선적)……35E1
황룡면(월평)……35E1
장흥군……35F5, 42A1
관산읍……42A2
대덕읍……42A2
장흥읍……42A1
부산면(유량)……35F5
안양면(운흥)……42A1
용산면(접정)……42A1
유치면(원등)……35F5
장동면(북교)……35F5
장평면(용강)……35F5
회진면(회진)……42A1
진도군……40C3
진도읍……40C3
고군면(오산)……40D3
군내면(분토)……40C2
의신면(돈지)……40C3
임회면(석교)……40C3
조도면(창유)……40B4
지산면(인지)……40C3
함평군……35D2
함평읍……35D2
나산면(삼축)……35D2
대동면(향교)……35D3
손불면(대전)……34C2
신광면(월암)……34D3
엄다면(엄다)……34D3
월야면(월야)……34D2
학교면(학교)……35D3
해보면(금덕)……35D2
해남군……41D2
해남읍……41E2
계곡면(성진)……41E1
마산면(화내)……41E1
문내면(동외)……41D2
북일면(신월)……41E3
북평면(남창)……41E4
산이면(초송)……41D1
삼산면(평활)……41E2
송지면(산정)……41D3
옥천면(영춘)……41E2
현산면(일평)……41E2
화산면(방축)……41D3
화원면(금평)……40C1
황산면(우항)……41D2
화순군……35F4, 36A3
화순읍……35F3
능주면(석고)……35F3
도곡면(효산)……35F3
도암면(원천)……35F4
동면(장동)……36A3
동복면(독상)……36A3
백아면(구:북면)(이천)……36A2
사평면(구:남면)(사평)……36F3
이서면(야사)……36A2
이양면(오류)……35F4
청풍면(차리)……35F4
춘양면(석정)……35F4
한천면(한계)……35F4

경상북도

경산시……176, 32B2
경주시……170~171, 27D5, 33E2
구미시……172~173, 25F3
김천시……174, 23F2
상주시……175, 17G5, 25D1
안동시……175, 20C4
영주시……174, 20A2
영천시……177, 24C3
문경시……174, 19E4
포항시……168~169, 25F2
경산시……26B5, 32B2
압량읍……32B2
진량읍……32B1
하양읍……32B1
남산면(산양)……32B2
남천면(삼성)……32B2
와촌면(덕촌)……26B5
용성면(당리)……32C2
자인면(북사)……32B2
경주시……27D2, 33E2
감포읍……33F1
건천읍……33D1
안강읍……27D5
외동읍……33E2
강동면(인동)……27D5
내남면(이조)……33D2
문무대왕면(구:양북면)(어일)……33E2
산내면(의곡)……32C2
서면(아화)……33D1
양남면(하서)……33E2
천북면(동산)……33E1
현곡면(금장)……33D1
고령군……31E2
대가야읍……31E2
개진면(옥산)……31F2
다산면(상곡)……31F1
덕곡면(예리)……31E2
성산면(어곡)……31F2
쌍림면(귀원)……31E2
우곡면(도진)……31F3
운수면(봉평)……31E2
구미시……25F3
고아읍……25F3
산동읍……25F3
선산읍……25F3
도개면(궁기)……25F2
무을면(송삼)……25E3
옥성면(주아)……25E2
장천면(상장)……25F4
해평면(월호)……25F3
김천시……25D4
아포읍……25E4
감문면(보광)……25E3
감천면(광기)……25D4
개령면(동부)……25E4
구성면(상좌원)……25D3
남면(옥산)……25E4
농소면(월곡)……25E4
대덕면(관기)……31D1
대항면(향천)……25D3
봉산면(예지)……25D4
부항면(사등)……24C5
어모면(중왕)……25D3
조마면(강곡)……25D5
증산면(유성)……31D1
지례면(교리)……25D4
문경시……19E4
가은읍……19E4
문경읍……19E3
농암면(농암)……19D5
동로면(적성)……19F3
마성면(모곡)……19E4
산북면(대상)……19F4
산양면(불암)……19F4
영순면(의곡)……19F5
호계면(막곡)……19E4
봉화군……20C2
봉화읍……20B2
명호면(도천)……20C3
물야면(오록)……20B2
법전면(법전)……20C2
봉성면(봉성)……20C2
상운면(가곡)……20C3
석포면(석포)……21D1
소천면(현동)……21D2
재산면(현동)……21D3
춘양면(의양)……20C1
상주시……25D1
함창읍……19E3
공검면(양정)……19E5
공성면(옥산)……25D2
낙동면(상촌)……25E2
내서면(신촌)……25D1
모동면(용호)……25D3
모서면(삼포)……24C2
사벌국면(구:사벌면)(덕담)……25E1
외남면(신상)……25D2
외서면(가곡)……25D1
은척면(봉중)……19E5
이안면(양범)……19E5
중동면(오상)……25F1
청리면(청하)……25D2
화남면(평온)……24C1
화동면(이소)……25D2
화북면(용유)……19D5
화서면(신봉)……24C1
성주군……25E5, 31F1
성주읍……31E1
가천면(창천)……25D1
금수면(광산)……25E5
대가면(옥성)……25E1
벽진면(수촌)……25E5
선남면(관화)……25F1
수륜면(신파)……25E1
용암면(용정)……25E1
월항면(안포)……25E5
초전면(대장)……25E5
안동시……20C4, 26B1
풍산읍……20B5
길안면(천지)……26C2
남선면(구미)……20B5
남후면(무릉)……20B5
녹전면(신평)……20B4

도산면(온혜)……20C4
북후면(옹천)……20B4
서후면(성곡)……20B5
예안면(정산)……20C4
와룡면(태리)……20B5
일직면(운산)……20B5
임동면(중평)……20C5
임하면(신덕)……20C5
풍천면(갈전)……20B5
영덕군 ……21E5, 27E1
영덕읍……27E1
강구면(오포)……27E2
남정면(장사)……27E2
달산면(대지)……27E2
병곡면(병곡)……21F5
영해면(성내)……21E5
지품면(신안)……27E2
창수면(신기)……21E5
축산면(도곡)……27E1
영양군 ……21D4
영양읍……21D4
석보면(원리)……21E5
수비면(발리)……21E3
일월면(도계)……21D3
입암면(신구)……21D5
청기면(청기)……21D4
포항시 ……27E4
구룡포읍……27F5
연일읍……27E5
오천읍……27E5
흥해읍……27E4
기계면(현내)……27D4
기북면(용기)……27D4
대송면(송동)……27E5
동해면(도구)……27F5
송라면(광천)……27E3
신광면(토성)……27E4
장기면(읍내)……33F1
죽장면(입암)……27D3
청하면(덕성)……27E3
호미곶면(구만)……27F4
영천시 ……26C4
금호읍……26C5
고경면(해선)……27D5
대창면(대창)……32C1
북안면(고지)……26C5
신녕면(화성)……26B4
임고면(양항)……26C4
자양면(성곡)……26C4
청통면(치일)……26B5
화남면(삼창)……26C4
화북면(자천)……26C4
화산면(유성)……26C5
영주시 ……20A2
풍기읍……20A2
단산면(옥대)……20A2
문수면(적동)……20B3
봉현면(오현)……20A3
부석면(소천)……20B1
순흥면(읍내)……20A2
안정면(신전)……20A3
이산면(원리)……20B3
장수면(반구)……20A3
평은면(평은)……20B4
예천군 ……20A4
예천읍……20A4
감천면(포리)……20A4
개포면(신음)……19F5
보문면(미호)……20B4
은풍면(우곡)……20A4
용궁면(읍부)……19F5
용문면(상금곡)……19F4
유천면(가리)……19F4
지보면(소화)……20A5
풍양면(낙상)……19F5
호명면(오천)……20A5
효자면(도촌)……20A3
울릉군 ……15F1
울릉읍……15F1
서면(남양)……15F2
북면(천부)……15F1
울진군 ……21E2
울진읍……21E2
평해읍……21F4
근남면(노음)……21E2
금강송면(삼근)……21E2
기성면(척산)……21F3
매화면(매화)……21E3
북면(부구)……21E1
온정면(소태)……21E4
죽변면(죽변)……21F1
후포면(삼율)……21F4
의성군 ……26A2
의성읍……26B2
가음면(장리)……26B3
구천면(유산)……25F2
금성면(대리)……26B3
다인면(서릉)……25F1
단밀면(속암)……25F2
단북면(이연)……25F2
단촌면(하화)……26B2
봉양면(화전)……26A2
비안면(이두)……25F2
사곡면(양지)……26B3
신평면(교안)……26A1
안계면(용기)……25F1
안사면(안사)……25F1
안평면(박곡)……26A2
옥산면(구성)……26B2
점곡면(서변)……26B1
춘산면(옥정)……26B3
청도군 ……32B3
청도읍……32B3
화양읍……32B3
각남면(예리)……32A3
각북면(남산)……32A2
금천면(동곡)……32C3
매전면(동산)……32B2
운문면(대천)……32C3
이서면(학산)……32A2
풍각면(송서)……32A3
청송군 ……27D2
청송읍……27D1
부남면(대전)……27D2
주왕산면(구:부동면)(주산지) …27D2
안덕면(명당)……26C2
진보면(진안)……27D1
파천면(관리)……26C1
현동면(도평)……26C3
현서면(구산)……26C3
칠곡군 ……25F5, 26A5
북삼읍……25F4
석적읍……25F5
왜관읍……25F5
가산면(천평)……26A5
기산면(죽전)……25F5
동명면(금암)……26A5
약목면(복성)……25F5
지천면(신리)……26A5

경 상 남 도

거제시 ……185, 38C4
김해시 ……181, 39D1
밀양시 ……177, 32B4
사천시 ……183, 37F3
양산시 ……186, 33C5
진주시 ……182, 37F1
창원특례시……178~180, 38C1
통영시 ……184, 38A5
거제시 ……38C4
거제면(서상)……38C5
남부면(저구)……38C5
동부면(산양)……38C5
둔덕면(하둔)……38C4
사등면(성포)……38C4
연초면(죽토)……38C4
일운면(지세포)……38C5
장목면(장목)……38C3
하청면(하청)……38C3
거창군 ……30C2
거창읍……30C2
가북면(우혜)……31D2
가조면(마상)……31D2
고제면(농산)……30C1
남상면(무촌)……30C3
남하면(무릉)……31D3
마리면(말흘)……30C2
북상면(갈계)……30C1
신원면(과정)……30C3
웅양면(노현)……30C1
위천면(장기)……30C2
주상면(도평)……30C2
고성군 ……38A3
고성읍……38A3
개천면(명성)……38A2
거류면(당동)……38B3
구만면(효락)……38B2
대가면(유흥)……38A3
동해면(장기)……38B3
마암면(도전)……38A3
삼산면(미룡)……38A4
상리면(척번정)……38A3
영오면(영산)……38A2
영현면(침점)……38A3
하이면(덕호)……38A4
하일면(학림)……38A4
회화면(배둔)……38B2
김해시 ……33D3
장유출장소……39D2
진영읍……39D1
대동면(초정)……39E1
상동면(대감)……39E1
생림면(봉림)……32C5
주촌면(천곡)……39D1
진례면(송정)……39D1
한림면(장방)……32B5
남해군 ……37E4
남해읍……37E4
고현면(대사)……37E4
남면(당항)……37E5
미조면(미조)……37F5
삼동면(지족)……37F5
상주면(상주)……37F5
서면(서상)……37E4
설천면(남양)……37E4
이동면(무림)……37E5
창선면(상죽)……37F4
밀양시 ……32B4
삼랑진읍……32C4
하남읍……32B5
단장면(태룡)……32C4
무안면(무안)……32A4
부북면(운전)……32B4
산내면(송백)……32C3
산외면(다죽)……32B4
상남면(기산)……32B4
상동면(금산)……32B3
청도면(구기)……32A4
초동면(오방)……32B4
사천시 ……37F3
사천읍……37F2
곤명면(봉계)……37E2
곤양면(성내)……37F2
사남면(화전)……37F3
서포면(구평)……37F3
용현면(송지)……37F3
정동면(대곡)……37F3
축동면(배춘)……37F2
산청군 ……30C5, 37E1
산청읍……30C5
금서면(매촌)……30C4
단성면(성내)……37E1
삼장면(대포)……30C5
생비량면(도리)……31D5
생초면(어서)……30C4
시천면(사리)……37E1
신등면(단계)……31D5
신안면(하정)……37F1
오부면(양촌)……30C4
차황면(장위)……30C4
양산시……186, 32C5
웅상출장소……33D5
물금읍……39E1
동면(내송)……33D5
상북면(석계)……32C5
원동면(원리)……32C5
하북면(순지)……33D5
의령군 ……31E5
의령읍……31E5
가례면(가례)……31E5
궁류면(토곡)……31E5
낙서면(전화)……31F4
대의면(마쌍)……31E5
봉수면(죽전)……31E4
부림면(신반)……31F4
용덕면(운곡)……31E5
유곡면(칠곡)……31E4
정곡면(중교)……31E5
지정면(봉곡)……31F5
칠곡면(외조)……31E5
화정면(상정)……38A1
진주시 ……37F1
문산읍……38A2
금곡면(두문)……38A2
금산면(장사)……38A1
내동면(독산)……37F2
대곡면(광석)……38A1
대평면(대평)……37F2
명석면(관지)……37F1
미천면(오방)……37F1
사봉면(사곡)……38A2
수곡면(대천)……37E2
이반성면(용암)……38B2
일반성면(창촌)……38A2
정촌면(화개)……38F2
지수면(승산)……38A1
진성면(상촌)……38A2
집현면(봉강)……37F1
창녕군 ……31A4
남지읍……31F5
창녕읍……31F4
계성면(명리)……32A4
고암면(중대)……32A3
길곡면(증산)……32A5
대지면(모산)……31F4
대합면(십이)……31F3
도천면(도천)……32A5
부곡면(부곡)……32A5
성산면(냉천)……31F3
영산면(동리)……32A4
유어면(부곡)……31F4
이방면(안리)……31F3
장마면(강리)……31F4
창원특례시 ……32A5, 38C1
내서읍……38C1
동읍……38C1
구산면(수정)……38C2
대산면(가술)……32B5
북면(신촌)……32A5
진동면(진동)……38B2
진북면(지산)……38B2
진전면(오서)……38B2
통영시 ……38A5
산양읍……38B5
광도면(노산)……38B4
도산면(법송)……38B4
사량면(금평)……38A5
욕지면(동항)……39E5
용남면(동달)……38B4
한산면(하소)……38B5
하동군 ……37E2
하동읍……37D2
고전면(범아)……37E3
금남면(송문)……37E3
금성면(궁항)……37E3
북천면(직전)……37E2
악양면(정서)……37D2
양보면(운암)……37E3
옥종면(청룡)……37E1
적량면(관리)……37D2
진교면(진교)……37E2
청암면(평촌)……37E2
화개면(탑리)……37D1
횡천면(횡천)……37E2
함안군 ……31F5, 38B1
가야읍……38B1
칠원읍……38C1
군북면(덕대)……38B1
대산면(구혜)……31F5
법수면(우거)……31F1
산인면(송정)……38C1
여항면(외암)……38C2
칠북면(검단)……32A5
칠서면(청계)……31F5
함안면(북촌)……38C2
함양군 ……30B3
함양읍……30B4
마천면(가흥)……30B5
백전면(평정)……30B3
병곡면(송평)……30B3
서상면(대남)……30B2
서하면(송계)……30B3
수동면(화산)……30C3
안의면(당본)……30C3
유림면(화촌)……30C4
지곡면(창평)……30C3
휴천면(목현)……30B4
합천군 ……31D3
합천읍……31D3
가야면(야천)……31D2
가회면(덕촌)……31D4
대병면(회양)……31D4
대양면(덕정)……31E4
덕곡면(율지)……31E3
묘산면(산제)……31D3
봉산면(김봉)……31D3
삼가면(금리)……31D5
쌍백면(평구)……31E4
쌍책면(성산)……31E3
야로면(구정)……31E2
용주면(용지)……31D4
율곡면(영전)……31E3
적중면(상부)……31E4
청덕면(두곡)……31E4
초계면(초계)……31E4

제주특별자치도

서귀포시……187, 44C2
남원읍……45E4
대정읍……44A4
성산읍……45F2
안덕면(화순)……44B4
표선면(표선)……45E3
제주시……188~189, 44C4
구좌읍……45E1
애월읍……44B2
조천읍……45D1
한림읍……44A2
우도면(연평)……45F1
추자면(대서)……44A1
한경면(신창)……44A3

국립공원 안내

가야산국립공원……055-930-8000
경주국립공원……054-778-4100
계룡산국립공원……042-825-3002
내장산국립공원……063-538-7875
다도해해상국립공원……061-550-0900
덕유산국립공원……063-322-3174
무등산국립공원……062-227-1187
변산반도국립공원……063-582-7808
북한산국립공원……02-909-0497
설악산국립공원……033-801-0900
소백산국립공원……054-630-0700
속리산국립공원……043-542-5267
오대산국립공원……033-332-6417
월악산국립공원……043-653-3250
월출산국립공원……061-473-5210
주왕산국립공원……054-870-5300
지리산국립공원(전북)……063-630-8900
지리산국립공원(전남)……061-780-7780
지리산국립공원(경남)……055-970-1000
치악산국립공원……033-740-9900
태백산국립공원……033-550-0000
태안해안국립공원……041-672-9737
팔공산국립공원……054-880-8300
한려해상국립공원……055-860-5800
한라산국립공원……064-713-9950~3
어리목분소……064-713-9950~1
성판악지소……064-725-9950
관음사지소……064-756-9950
영실지소……064-747-9950
돈네코지구……064-710-6921

도립공원 안내

가지산도립공원……055-356-1915
금오산도립공원……054-480-4601
남한산성도립공원 ……031-8008-5156
대둔산도립공원……041-746-6156
덕산도립공원……041-635-7493
두륜산도립공원……061-530-5543
마라해양도립공원 ……064-120
마이산도립공원……063-430-8753
모악산도립공원……063-222-7816
문경새재도립공원……054-571-0709
불갑산도립공원……061-350-5354
서귀포해양도립공원……064-760-2911
선운산도립공원……063-560-8681
성산일출해양도립공원……064-784-0959
수리산도립공원 ……031-8008-8265
연인산도립공원 ……031-8008-8140
연화산도립공원……055-670-2663
우도해양도립공원……064-782-5671
조계산도립공원……061-744-8111
제주곶자왈도립공원……064-792-6047
천관산도립공원……061-867-7075
청량산도립공원……054-672-4994
추자해양도립공원……064-728-3124
칠갑산도립공원……041-635-7690
무안갯벌도립공원
벌교갯벌도립공원
증도갯벌도립공원

(주)성지문화사 지도 출판 안내

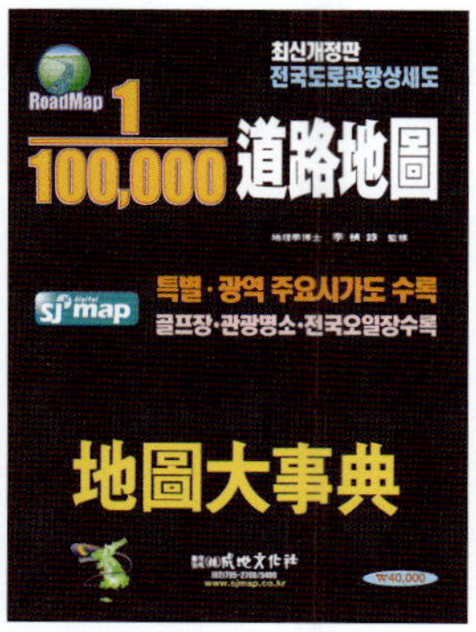

A4 반양장 360면 값 40,000원

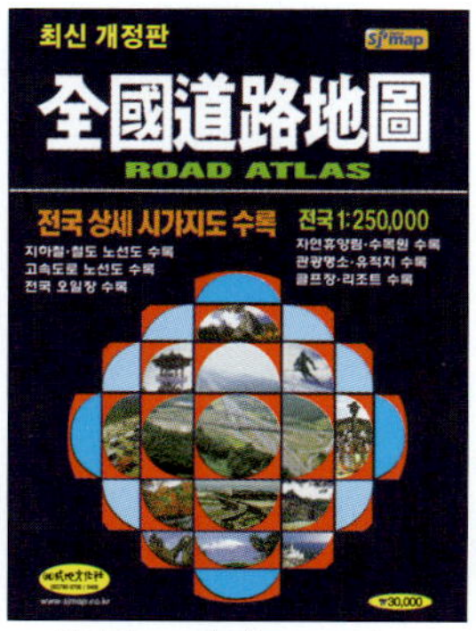

A4 반양장 216면 값 30,000원

A4 반양장 264면 값 30,000원

A4 반양장 280면 값 35,000원

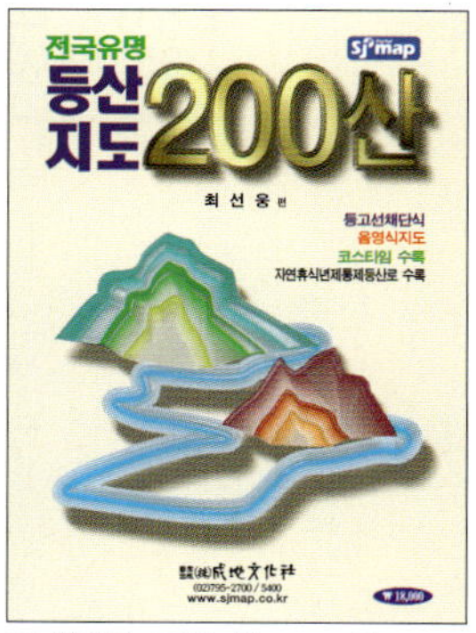

A5 반양장 256면 값 18,000원

A4 반양장 128면 값 25,000원

A4 반양장 120면 값 30,000원

A4 반양장 80면 값 20,000원

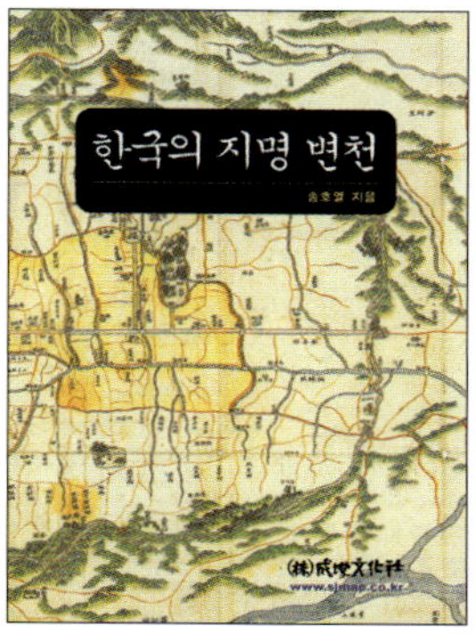

A5 반양장 960면 값 100,000원

A5 반양장 496면 값 35,000원

지 도 목 록

도로관광지도

10만 도로지도 (지도대사전)	A4 360면	40,000원
전국 도로지도	A4 216면	30,000원
KOREA ATLAS	A4 80면	20,000원
중국여행지도	A4 120면	30,000원
신한국관광지도	A4 264면	30,000원
세계관광여행지도	A4 128면	25,000원
한국의지명변천	A5 960면	100,000원
세계지명유래사전	A5 496면	35,000원

특별시 · 광역시 · 도별지도

서울특별시전도(행정)	108×78cm	6,000원
서울특별시전도(행정)	156×108cm(2매)	24,000원
부산광역시 전도	108×78cm(양면)	8,000원
대구광역시 전도	108×78cm(양면)	8,000원
인천광역시 전도	108×78cm	7,000원
광주광역시 전도	93×63cm(양면)	7,000원
대전광역시 전도	93×63cm(양면)	7,000원
제주도전도	93×63cm(양면)	7,000원
제주도전도(제주시주요부)	108×78cm(양면)	10,000원
경기도전도	108×78cm	7,000원
강원도전도	108×78cm	7,000원
충청남도전도	108×78cm	7,000원
충청북도전도	108×78cm	7,000원
전라북도전도	108×78cm	7,000원
전라남도전도	108×78cm	7,000원
경상북도전도	108×78cm	7,000원
경상남도전도	108×78cm	7,000원

시별도로안내도

수원시 도로안내도	93×63cm(양면)	7,000원
안산시 도로안내도	93×63cm(양면)	7,000원
천안시 도로안내도	93×63cm(양면)	8,000원
청주시 도로안내도	93×63cm	7,000원
제주시 도로안내도	93×63cm(양면)	7,000원

전국 및 기타 지도

대한민국전도(행정)	78×108cm	각6,000원
대한민국전도(행정)	108×156cm(2매)	24,000원
대한민국전도(지세)	108×195cm(2.5매)	36,000원
행정교통도(고속도로노선도)	78×108cm(양면)	7,000원
행정교통도	108×156cm(2매)	24,000원
수도권주요부	108×78cm	7,000원

수도권광역도로지도	108×156cm(2매)	24,000원
전국 도로 관광안내도	78×108cm(양면)	10,000원
세계지도(정치)	108×78cm	6,000원
세계지도(정치)	156×108cm(2매)	24,000원
세계지도(지세)	156×108cm(2매)	24,000원
세계지도(정치)	123×93cm(2매)	20,000원
세계지도(지세)	123×93cm(2매)	20,000원
세계지도(정치)	216×156cm(4매)	48,000원
동북아시아아시아전도	108×78cm	14,000원

영문지도(원지)

Map of Korea	78×108cm	12,000원
Tourist Guide Map	93×63cm(양면)	10,000원
Map of Seoul	93×63cm(양면)	10,000원
The World	216×102cm(3매)	36,000원
The World(지세)	156×108cm(2매)	24,000원
The World(지세)	216×156cm(4매)	48,000원
The World(지세)	108×78cm	7,000원
The World(정치)	108×78cm(양면)	8,000원
The World(정치)	123×93cm(2매)	20,000원
세계지도(지세)	123×93cm(2매)	20,000원
세계지도(정치)	123×93cm(2매)	20,000원
세계지도(정치)	108×78cm	6,000원
세계지도(정치)	108×78cm(양면)	7,000원
India(정치)	108×78cm	12,000원
The Middle East	102×72cm	12,000원
Europe	108×78cm(양면)	14,000원
Russia(정치)	108×78cm(양면)	14,000원
North America(정치)	108×78cm(양면)	14,000원
United States of America	108×78cm	12,000원
Middle America(정치)	108×78cm	12,000원
중국전도	102×72cm(양면)	12,000원
중국전도	156×108cm(2매)	30,000원
일본전도	108×78cm(양면)	12,000원
일본전도	156×108cm(2매)	30,000원

코팅 및 코팅표구지도

		코팅	코팅표구
대한민국전도(행정)	78×108cm(양면)	12,000원	25,000원
대한민국전도(행정)	108×156cm(2매)	30,000원	45,000원
행정교통도(고속도로노선도)	78×108cm(양면)	12,000원	25,000원
행정교통도	108×156cm(2매)	30,000원	45,000원
수도권광역도로	108×156cm(2매)	35,000원	50,000원
세계지도(정치)	108×78cm	12,000원	25,000원

		코팅	코팅표구
세계지도(정치)	108×78cm	12,000원	25,000원
The World(정치)	123×93cm(2매)	25,000원	40,000원
세계지도(정치)	123×93cm(2매)	25,000원	40,000원
세계지도(지세)	123×93cm(2매)	25,000원	40,000원
세계지도(정치)	156×108cm(2매)	30,000원	45,000원
세계지도(지세)	156×108cm(2매)	30,000원	45,000원
동북아시아아시아전도	108×78cm	18,000원	35,000원
전국도로관광안내도	108×78cm	15,000원	35,000원

등산안내지도

등산지도 (200산)	A5 256면	18,000원
전국 600산 등산지도	A4 280면	35,000원
타이벡 등산안내지도 국립공원1	63×47cm(양면)	6,000원
타이벡 등산안내지도 수도권	63×47cm(양면)	6,000원
타이벡 등산안내지도 강원도	63×47cm(양면)	6,000원
타이벡 등산안내지도 충청도	63×47cm(양면)	6,000원
타이벡 등산안내지도 전라북도	63×47cm(양면)	6,000원
타이벡 등산안내지도 전라남도	63×47cm(양면)	6,000원
타이벡 등산안내지도 경상북도	63×47cm(양면)	6,000원
타이벡 등산안내지도 경상남도	63×47cm(양면)	6,000원

롤스크린(실사천)지도

		실사천	롤스크린
대한민국전도(행정)	82×112cm	45,000원	70,000원
대한민국전도(행정)	112×154cm	85,000원	120,000원
대한민국전도(지세)	112×192cm	100,000원	150,000원
대한민국전도(행정)	112×192cm	100,000원	150,000원
행정교통도(남한)	82×112cm	45,000원	70,000원
행정교통도(남한)	112×154cm	85,000원	120,000원
서울시전도	154×112cm	85,000원	120,000원
세계전도(지세)	112×82cm	45,000원	70,000원
세계전도(정치)	112×82cm	45,000원	70,000원
세계전도(정치)	112×82cm	45,000원	70,000원
세계전도(지세)	154×112cm	85,000원	120,000원
세계전도(정치)	154×112cm	85,000원	120,000원
THE WORLD(지세)	154×112cm	85,000원	120,000원
THE WORLD	215×112cm	135,000원	180,000원
세계전도(정치)	123×93cm	70,000원	100,000원

※상기 제품 또는 규격 외 지도 제작 및 출력 문의[(02)795-9183]

GPS이용 도로 조사

전국도로지도

ROAD ATLAS

2003년 1월 10일 20판 1쇄 발행
2024년 8월 14일 20판 17쇄 발행

발행처 (주)성지문화사

본사: 서울특별시 용산구 한강대로44길25 (한강로2가)
TEL: (02) 795-2700·5400
FAX: (02) 798-7780
등록번호: 제3-47호(1979.4.7)

발행인
최종윤

편집
(주)성지문화사 편집부편

제작
(주)성지문화사 기술부(제01-5029호)

제작진행
최종윤

현지조사편집
(주)성지문화사 현지조사팀

디지털편집
(주)성지문화사 기술부

성과심사
공간정보산업협회

자료협조 : 서울시 구지역 교통과
지방경찰청 관제통제 센터

1. 공간정보산업협회 심사필 제2007-086호(2007.4.4)
2. 본 지도는 국토지리정보원 발행 1:5,000 · 1:25,000 1:50,000 · 1:250,000 기본도를 사용하여 편집 제작한 것임.

자료 기준: 2024년 7월 현재
(GPS이용 현지 조사 및 자료 수집에 의함)

※국토지리정보원장이 발간한 기본도상에 표기된 지형 지물 등 이외의 자료(공사중인 고속도로 · 지하철등)는 제작자가 수집 또는 조사 표기 한 것임.

값 30,000원 © (주)성지문화사

http://www.sjmap.co.kr

ISBN 978-89-390-0067-4

세계 전도
1:95,000,000
0 2,000km
(밀러 도법)
그린란드
(덴)
스발바르 제도
노바야제믈랴 섬
세베르나야제믈랴 제도
타이미르 반도
노보시비르스크 제도
카라해
바렌츠 해
야말 반도
시베리아
러시아
아이슬란드
레이캬비크
북극권
노르웨이
스웨덴
핀란드
유럽
EUROPE
아시아
ASIA
오호츠크 해
사할린 섬
바이칼 호
1.룩셈부르크
2.체코
3.슬로바키아
4.스위스
5.리히텐슈타인
6.오스트리아
7.헝가리
8.슬로베니아
9.보스니아헤르체고비나
10.세르비아
11.북마케도니아
12.알바니아
13.크로아티아
14.몬테네그로
15.코소보
아일랜드
영국
덴마크
네덜란드
독일
폴란드
벨라루스
우크라이나
프랑스
이탈리아
포르투갈
스페인
카자흐스탄
몽골
중국
대한민국
일본
서울
동해
황해
동중국 해
타이완
모로코
알제리
리비아
이집트
아프리카
AFRICA
말리
니제르
차드
수단
사우디아라비아
이란
인도
파키스탄
아라비아 해
벵골 만
남중국 해
필리핀
말레이시아
인도네시아
파푸아뉴기니
대서양
ATLANTIC OCEAN
인도양
INDIAN OCEAN
나이지리아
에티오피아
소말리아
케냐
콩고민주공화국 (자이르)
탄자니아
앙골라
잠비아
나미비아
보츠와나
모잠비크
마다가스카르
남아프리카공화국
오세아니아
OCEANIA
오스트레일리아
북회귀선
적도
남회귀선
수도
주요 도시
대륙 경계
오전
정오
오후

유엔
적십자
올림픽
대한민국
가나
가봉
가이아나
감비아
과테말라
그레나다
그리스
기니
기니비사우
라이베리아
라트비아
러시아
레바논
레소토
루마니아
룩셈부르크
르완다
리비아
리투아니아
마다가스카르
말라위
말레이시아
방글라데시
베냉
베네수엘라
베트남
벨기에
벨라루스
보츠와나
볼리비아
부룬디
부르키나파소
부탄
불가리아
브라질
시에라리온
싱가폴
아랍에미리트
아르메니아
아르헨티나
아이슬란드
아이티
아일랜드
아제르바이잔
아프가니스탄
안도라
알바니아
알제리
우즈베키스탄
우크라이나
이란
이스라엘
이집트
이탈리아
인도
인도네시아
일본
자메이카
잠비아
적도기니
조지아
콜롬비아
콩고
콩고민주공화국
쿠바
쿠웨이트
키르기스스탄
키프로스
타이
타지키스탄
탄자니아
토고
통가
투르크메니스탄